FLORIAN WACKER

DIE SPUR DER AALE

FLORIAN WACKER

DIE SPUR DER AALE

EIN FALL FÜR GRETA VOGELSANG

KRIMINALROMAN

Kiepenheuer & Witsch

Der Verlag Kiepenheuer & Witsch hat sich zu einer nachhaltigen Buchproduktion verpflichtet. Gemeinsam mit unseren Partnern und Lieferanten setzen wir uns für eine klimaneutrale Buchproduktion ein, die den Erwerb von Klimazertifikaten zur Kompensation des CO_2-Ausstoßes einschließt. Weitere Informationen finden Sie unter www.klimaneutralerverlag.de

FSC
www.fsc.org
MIX
Papier | Fördert gute Waldnutzung
FSC® C014496

1. Auflage 2023

Vermittelt durch die Literaturagentur im Verlag der Autoren, Frankfurt am Main
Covergestaltung: FAVORITBUERO, München
Covermotiv: © Ralph Lear/shutterstock; © Milano M/shutterstock
Gesetzt aus der Ten Oldstyle und der Atrament
Satz: Buch-Werkstatt GmbH, Bad Aibling
Druck und Bindung: GGP Media GmbH, Pößneck

ISBN 978-3-462-00345-1

*

Der Fluss war spiegelglatt und unbewegt, kein Wind ging. Von der gegenüberliegenden Uferseite waren Stimmen zu hören, lautes Lachen, Rufe, immer wieder blitzten Lichter auf und brachen sich im Wasser. Er streckte die Beine aus und behielt die Leine der Angel im Auge. Der Duft von Gegrilltem zog zu ihm herüber, und er merkte, wie hungrig er war. Er hatte seit dem Nudelauflauf am Mittag nichts mehr gegessen. Er zog die Kühltruhe zu sich und langte nach einem der Sandwiches, die er sich zu Hause gemacht hatte. Er biss hinein, kaute genüsslich und schaute aufs Wasser. Es war seine Zeit, und er merkte, wie der Tag von ihm abfiel, die Anforderungen und Pflichten, die überwache Aufmerksamkeit. Seit ein paar Wochen kam er nur noch allein hierher, seit Weihrauch zum zweiten Mal Opa geworden war und die Nachmittage lieber mit seinen Enkeln verbrachte, anstatt mit ihm am Wasser zu sitzen.

Die Angelleine zuckte, und er hörte zu kauen auf. Jetzt, während der Dämmerung, musste er besonders wachsam sein. Doch die Leine beruhigte sich wieder. Keiner konnte auch nur ansatzweise nachvollziehen, wie es ihm die letzten Monate ergangen war, nicht mal Franziska hatte eine Ahnung, wie es wirklich um ihn stand. Dieser verdammte Krebs. Und trotz der ersten Erleichterung darüber, dass seine Frau es nun endlich geschafft hatte, dass sie nun hoffentlich an einem Ort war, an dem es keine Schmerzen mehr gab, und er wieder Zeit hatte, Atem zu holen – trotz alldem wünschte er sich wieder an ihr Krankenbett, wünschte er sich, ihre Hand noch einmal halten zu können. Erst nach und nach begriff er die Leere, die sie hinterlassen hatte.

Er war in seinem Campingstuhl nach unten gerutscht und richtete sich jetzt wieder auf, streckte die Beine aus. Immer, wenn ihn das Vergangene zu überwältigen drohte, versuchte er sich auf die Gegenwart zu konzentrieren, auf seine Angel, das Zurichten der Köder, die Arbeit. Er schluckte den letzten Bissen hinunter und wischte sich die Hände an seiner Hose ab, stand auf. Der Fluss schien wie tot. Er glaubte, irgendwo da draußen doch eine Bewegung wahrzunehmen, aber es waren wohl nur Spiegelungen. Irgendwo im Gebüsch raschelte es. Er ging ein paar Schritte und blickte vor sich, dorthin, wo das Wasser flach war und er im Licht seiner Stirnlampe die von grünen Algen bewachsenen Steine erkennen konnte. In den letzten Nächten hatten sie nicht mehr gebissen. Gestern hatte er nur einen kleinen Gründling aus dem Fluss geholt und ihn ärgerlich zurückgeworfen, heute versuchte er es daher mit einer Pose statt dem Grundblei. Er wusste ja, dass sie da waren, die Räuber, Zander, Wels, Barsch. Aber es war, als ob die Fische seine flirrende Unruhe bemerkten. Natürlich war es die Arbeit, die ihn nicht in Ruhe ließ, auch jetzt nicht, da konnte er noch so lang in seinem Stuhl sitzen und aufs Wasser starren. Irgendwann kehrten seine Gedanken unweigerlich zu den Koffern zurück, zu den versteckten Behältern, Beuteln und Taschen. Er bekam leichtes Sodbrennen und stieß auf. Er blickte sich um, der Kegel der Lampe strich über seine Ausrüstung. Schwach war der Verkehr auf der Autobahnbrücke zu hören. Er setzte sich wieder.

Er war sich sicher, dass er recht hatte.

Er war sich sicher, dass es da mehr gab als nur ein paar harmlose Touristen, die aus Versehen das Falsche in ihre Koffer gepackt hatten.

Die ganze Sache war größer, als er gedacht hatte, und er brauchte jetzt Hilfe. Ihre Hilfe.

Im Betreff seiner Mail hatte er das Wort »Dringend« in Versalien geschrieben. Er wollte unbedingt, dass Vogelsang die Mail sofort sah, sie las und nicht wegsortierte. Er würde sich mit ihr treffen und ihr seine Erkenntnisse vorlegen, alles fein säuberlich aufgeschrieben, sortiert, abgeheftet. Sie würde dann gar nicht anders können, als ein Verfahren zu eröffnen, ein Team zusammenzustellen, Ermittlungen einzuleiten.

Er atmete hörbar aus, zog das kleine Notizbuch aus seiner Hosentasche und blätterte durch die Seiten, überflog das Geschriebene: erste Vermutungen, Indizien, ein gezeichneter Plan mit der Lage des Restaurants, verschiedene Adressen. Staatsanwältin Vogelsang konnte ihn jetzt einfach nicht mehr ignorieren. Mit dem, was er hatte, würde er sich nicht noch einmal abwimmeln lassen wie noch vor ein paar Wochen, als sie den verhafteten Hongkong-Chinesen gegen eine Sicherheitsleistung sofort wieder laufen ließ, keine U-Haft, nichts.

Er spürte, wie ihm die Wut in den Magen fuhr.

Man gab nicht besonders viel auf seine Arbeit. Lange hatte er sich das nicht eingestehen wollen, lange hatte er einfach stur weitergemacht, aber nach ihrem Begräbnis, nach den ersten Tagen allein in der Wohnung, hatte es ihn mit voller Wucht erwischt: Man hatte ihn schon vor Jahren aufs Abstellgleis geschoben. Dort konnte er noch ein bisschen vor sich hinwursteln, ein bisschen Zollfahndung spielen, aber die wirklich wichtigen Dinge passierten woanders. Immer mehr Leute waren über die Jahre abgezogen worden oder hatten sich versetzen lassen. Wer noch etwas vorhatte, wer Karriere machen wollte, der brauchte die großen Nummern: Drogen, Waffen, Menschenhandel. Wer interessierte sich denn schon für ein paar geschmuggelte Schildkröten, für Schlangenfleisch oder einige verendete Rassekatzen? Er wusste, dass die Kollegen über ihn redeten, über ihn, den komischen Kauz, der nachts am Main neben seiner Angel saß und über den Fällen brütete, während sie bei der Tagesschau einnickten oder noch eine Runde durch den Stadtwald joggten und die nächste Beförderung im Auge hatten.

Aber er würde nicht klein beigeben. Er hatte genug Beweise zusammengetragen, die für ihn ein eindeutiges Bild ergaben. Und es war ihm egal, wenn sie ihn in der Abteilung für seltsam hielten, er musste die Staatsanwaltschaft überzeugen!

Er steckte das Notizbuch ein, stand wieder auf und ging vor an den Fluss. Seine Wut verschwand langsam, der Blick aufs Wasser half ihm, half immer, die kleinen und großen Strudel, das sanfte Vorübergleiten der Schiffe, das gleichförmige Strömen, es beruhigte ihn, er lächelte sogar.

Mathissen, der Meisterdetektiv. Schon als Kind hatten ihn die Geschichten von Kalle Blomquist, von Emil und später von Sherlock Holmes in ihren Bann gezogen. Er hatte den Nachbarn nachspioniert, versucht, Spuren und Gerüche zuzuordnen, Verbindungen herzustellen, wo scheinbar keine waren. Später in der Ausbildung hatte sich dann sein Gespür bewiesen, er sah es den Leuten an, wenn sie etwas zu verbergen hatten, er konnte es förmlich riechen, den stechenden Schweiß, den Alkohol, die Mischung aus Anspannung und Müdigkeit nach einem Zwölfstundenflug, sodass er nach ein paar Jahren als einfacher Zollbeamter zur Zollfahndung gekommen war.

Er kontrollierte die Angel, schüttelte dabei leicht den Kopf. Eigentlich kamen sie in der Dämmerung näher ans Ufer, wagten sich dann von der Flussmitte in die sandigen Niederungen. Er überlegte, ob er es in den nächsten Tagen doch wieder an den Spots entlang der Nidda versuchen sollte, aber er mochte den Main, gerade weil es hier nicht so einfach war, weil es die Hafenanlagen, Kräne und Binnenschiffe gab, Zuglärm, den Gestank der Kläranlage in Niederrad.

Er sah auf die Uhr. Kurz vor zehn. Ein letzter Streifen Licht glomm hinter den Kuppen des Taunus. Wieder war da ein Rascheln im Gebüsch, und dann glaubte er, Stimmen zu hören. Er sah auf. Der Lichtkegel seiner Lampe glitt übers Ufergestrüpp, hinauf zum Weg. Niemand war zu sehen. Mit einem leisen Seufzer setzte er sich.

Die Sache mit dem Aalkopf, den er gestern Abend vor seiner Tür gefunden hatte, beunruhigte ihn etwas, bestärkte ihn aber noch mal mehr darin, dass er auf der richtigen Spur war. Klar, sie wollten ihm drohen, versuchten ihn einzuschüchtern, weil er ihnen immer näherkam und das Geschäft störte. Aber das würde er aushalten. Wenn nötig, würde er mit dem Aalkopf direkt zu Köster marschieren, ihr das Ding auf den Schreibtisch werfen und sie fragen, was für Beweise sie denn noch brauche, um endlich etwas zu unternehmen.

Köster hatte ihn immer wieder gewarnt, er solle die Nachforscherei in seiner Freizeit lassen, das ständige Grübeln, er müsse auch mal runterkommen und sich erholen, er sehe manchmal aus wie ein Geist. Er fuhr sich übers Gesicht, rieb sich die Augen. Tina Köster. Seit sie vor gut einem Jahr die Abteilung Artenschutz beim Zoll übernommen hatte, war es endgültig mit ihm bergab gegangen. Eigentlich wollte sie nur das Beste für ihn. Sie hatte ihm nahegelegt, kürzerzutreten, weniger zu arbeiten, um Zeit für sich und die Trauer zu haben. Aber er hatte davon nichts wissen wollen, hatte zwar brav genickt, aber dann weitergemacht wie schon die Jahre zuvor. Auf eigene Faust, dem eigenen Gespür folgend. Köster ignorierte seine Ermittlungen größtenteils, und er war sich ziemlich sicher, dass das nichts mit der Qualität seiner Arbeit zu tun hatte, sondern damit, dass er sich nicht an Dienstwege, Hierarchien und interne Kommunikationsregeln hielt. Mehr als einmal hatte Köster ihm zu verstehen gegeben, dass er nicht ohne Rücksprache Kontakt zur Staatsanwaltschaft aufnehmen könne, dass es Spielregeln gebe und er mit seiner

Sturheit das gesamte Team gegen sich aufbringe und sogar Ermittlungen gefährde. Natürlich waren das Ausreden gewesen. Sie wollte nicht von ihm vorgeführt werden und ließ ihn das auch spüren. Sie zog ihn von Ermittlungen ab, setzte ihn stattdessen an den Schreibtisch. Abstellgleis. Vorruhestand.

Ein heiseres Husten riss Mathissen aus seinen Gedanken.

Er fuhr herum, stand auf.

In der Dunkelheit glaubte er die Glut einer Zigarette aufleuchten zu sehen. Stand dort jemand? Er schaltete seine Stirnlampe aus, blinzelte. Da auf dem Weg zeichneten sich tatsächlich die Umrisse einer Gestalt ab. Der Uferweg war beliebt bei Radfahrern und Joggern, manchmal ging nach Sonnenuntergang auch noch jemand spazieren. Waren es Angler, die nach einem guten Platz suchten? Er wäre lieber für sich geblieben, aber konnte natürlich keinen alleinigen Anspruch auf diese Stelle erheben. Er sah jetzt, wie sich die Gestalt aus der Dunkelheit löste und langsam auf ihn zukam.

Unwillkürlich ging Mathissen einen Schritt zurück. Die Gestalt blieb einige Meter vor ihm stehen. Er konnte ihr Gesicht in der Dunkelheit nicht richtig erkennen.

Eine zweite Gestalt erschien im Hintergrund, blieb stehen. Etwas sagte Mathissen, dass die beiden nicht zum Angeln hier waren. Er hatte in letzter Zeit immer mal wieder das Gefühl gehabt, jemand würde ihn verfolgen, sich beim Vereinsheim herumtreiben, aber es war immer nur bei einer Ahnung geblieben, nie hatte er jemanden gesehen.

Mathissen ging vor zu seiner Angel. Er hatte kein gutes Gefühl, musste wieder an den Aalkopf denken, an die toten, glasigen Augen. Er merkte, wie seine rechte Hand leicht zu zittern begann, ballte sie zur Faust. Vielleicht war er doch zu unvorsichtig gewesen.

»Schon was gefangen?« Die Stimme klang etwas verwaschen, der Fremde sprach mit Akzent.

»Nein, noch nicht.«

»Was gibt's denn hier so?«

»Zander, Barsch, Wels, Hecht. Wollen Sie angeln?«

»Du weißt, warum wir da sind.«

Mathissen sah kurz nach rechts, nach links. Durchs Gestrüpp würde er nicht besonders gut wegkommen. Sein Messer steckte in seiner Hosentasche, es würde zu lange dauern, es aufzuklappen.

»Große Fische und kleine Fische«, sagte die Gestalt. »Die Großen fressen die Kleinen, so ist das doch, oder? Immer fressen die Großen die Kleinen.«

Plötzlich wusste Mathissen, dass er die ganze Zeit über recht gehabt hatte, dass es keinen Grund gab zu zweifeln. Die Frage war nur, ob er noch die Zeit haben würde, sein Wissen mit jemandem zu teilen.

»Kannst du schwimmen?«, fragte der eine, und der andere kicherte.

1

Ihr Smartphone vibrierte. Die feinen Erschütterungen schienen aufs Bett überzugehen, krochen ihr unter die Haut, in die Knochen. Sie öffnete die Augen und starrte an die Decke, zu den Mustern, die das Dämmerlicht zeichnete. Verdammt. Vogelsang drehte sich um, sah auf den Radiowecker. Kurz nach sieben. Sie tastete nach ihrem Smartphone und versuchte, auf dem Display etwas zu erkennen. Sie musste wieder eingeschlafen sein seit dem letzten Anruf, obwohl sie überlegt hatte aufzustehen. Sie nahm ab und richtete sich auf.

»Ja, hallo?«

Die Stimme am anderen Ende kannte sie, es war derselbe Polizist, der sie vor gut einer Stunde schon mal angerufen hatte. Die Sache am Main, jemand war ertrunken. Sie versuchte, einen Fuß aus dem Bett zu bekommen, blieb aber in der Decke hängen.

»Scheiße … nein, sorry, ich meine nicht Sie, ich … diese verdammte Decke. Was gibt es?«

Der Mann am anderen Ende räusperte sich, hustete. Es sei wohl doch besser, sie würde vorbeikommen. Man habe … wieder ein Räuspern, also an der Leiche seien Spuren eines möglichen Kampfes festgestellt worden, eine klaffende Wunde am Hinterkopf. Außerdem handele es sich wahrscheinlich um einen Kollegen. Sie atmete aus. Fuck, dachte sie.

»Ich bin in einer halben Stunde da, schicken Sie mir noch die Adresse.«

Sie legte auf, sah zum Fenster. Hinter den Ritzen des Rollladens glomm schon der Tag. Neben ihr rührte sich Mika. Sie legte ihm eine Hand auf den Arm und flüsterte, dass sie jetzt doch noch losmüsse. Mika brummte nur und drehte sich zur Seite.

Vogelsang setzte beide Beine auf den Teppich und wartete einige Augenblicke. Sie erinnerte sich bruchstückhaft an ihren Traum kurz vor dem Aufwachen: Eine enge Kammer, der Geruch nach Reinigungsmitteln und etwas anderem, schwer, feucht, und draußen im Gang die dröhnenden Schritte, Schritte überall, der Boden bebte, dann die Wände, alles um sie geriet in Bewegung, sie kauerte sich zusammen, aber die Schreie kamen immer näher, kamen aus den Wänden – dann war sie erwacht.

Benommen fuhr sie sich übers Gesicht. In letzter Zeit kamen die Bilder wieder öfter, nachdem sie für Jahre fast vollständig verschwunden waren. Sie sah die Tage in Genua deutlich vor sich, die Fahrt mit dem Zug, die Versammlungen in der Stadt. Das war das Letzte, was sie jetzt gebrauchen konnte. Sie tappte ins Bad, kämmte sich die Haare und schlüpfte in ihre Klamotten. Duschen würde sie später.

Warum hatten sie ihn nicht erst um neun finden können, dachte sie, während sie mit ihrer Zahnbürste vor dem Spiegel stand. Aber das war eben das Problem mit den Bereitschaftsdiensten im Sommer, da waren die ersten Jogger und Hundehalter schon kurz nach Sonnenaufgang unterwegs, während man im Winter die Toten erst am Mittag fand.

Sie ging in die Küche und trank ein Glas Milch. Engels strich ihr um die Beine, und sie tätschelte ihm den Rücken. Von Marx keine Spur. »Wo hast du deinen Bruder wieder gelassen?« Sie füllte Engels' Schälchen mit einer Handvoll Trockenfutter und schlüpfte in ihre Sneakers. Der Kater saß vor seinem Napf, sein Blick drückte Bedauern aus.

Vogelsang steckte ihr Smartphone ein und griff nach den Schlüsseln, nahm ihren Kapuzenpulli von der Garderobe und verließ die Wohnung. Auf den Gartenmöbeln lag ein feiner Film

Feuchtigkeit. Weitere Mohnblüten waren aufgegangen, und über den Stauden lag ein irrsinniges Summen und Brummen. Einen Augenblick lang sah sie zu dem kleinen Idyll aus Kornblumen, Margeriten und Mohn und spürte eine seltsame Wehmut in sich aufsteigen, plötzliche Gerüche, der Muff der über den Winter eingelagerten Gartenliegen, die Füße schwarz, die Knie verschorft, ein nie enden wollender Sommer. Sie atmete durch und ging zu ihrem Wagen, einem alten Corsa. Ein Lenkrad, Bremsen und vier Räder, kein Schnickschnack. Auf dem Gehweg lief ihr Marx vor die Füße. Sie begrüßte den Kater, kraulte ihn kurz und sagte ihm, dass sie jetzt losmüsse, Engels sei schon drin und warte mit dem Essen auf ihn.

Sie schaltete das Radio an und checkte die Adresse, die ihr der Kollege geschickt hatte. Andere Mainseite, Niederräder Ufer. Kurz überlegte sie, ob sie das Rad nehmen sollte, aber sie wusste, dass es dringend war, und startete den Motor.

Die Fähnchen, mit denen der Fundort großräumig abgesteckt wurde, erinnerten sie manchmal an eine Minigolfanlage. Sie war den vorgegebenen Pfaden ans Wasser gefolgt und stand nun da, sah auf den Fluss und hörte hinter sich vereinzelt Stimmen. Die Taucherstaffel der Feuerwehr war gerade dabei, ihre Ausrüstung wieder einzupacken, Sauerstoffflaschen, Seile, ein Paar Flossen. Der Morgen war wolkenlos, es würde wieder einer dieser unerträglich heißen Tage werden, aber jetzt, hier am Wasser, ging noch ein leichter Wind.

Der Tote lag bereits im Leichensack. Sie warf nur kurz einen Blick auf ihn. Er trug eine Anglerweste und dunkle Funktionshosen. Der KTUler sagte irgendetwas von Wachshautbildung und Abschleifungen, etwas von ante mortem, wahrscheinlich ein Unfall, aber auch Fremdverschulden sei nicht auszuschließen. Dann blickte er sie erwartungsvoll an, als hoffe er auf ein Lob für seine Ausführungen. Sie nickte nur und fragte nach dem Namen des Opfers. Der KTUler zuckte mit den Schultern. Es war nicht ihre erste Leiche, trotzdem hatte sie ein flaues Gefühl im Magen und entfernte sich einige Schritte, um die Dinge zu ordnen. Sie musste die Obduktion anordnen und den Fall dann an die Kollegen für Kapitalverbrechen weitergeben.

Vogelsang ging ein Stück am Wasser entlang. Eine kleine Gruppe Polizisten stand zusammen, sie lachten über irgendetwas, in ihren schweren, dunklen Uniformen. Seit die Sache mit den Drohmails an die Anwältin bekannt geworden war und Kreise zog, seit man fast jeden Tag dazu etwas in der Presse lesen konnte, spürte sie eine Art Beklemmung, wenn sie die volluniformierten Beamten sah. Die meisten von ihnen waren sicher aufrechte Kollegen, aber sie wusste, dass es da auch schwarze Schafe gab, Leute, die glaubten, über dem Gesetz zu stehen, die ihre Position ausnutzten. Etwas, das sie am eigenen Leib erfahren hatte, früher, in ihrer Zeit in der Szene, noch bevor sie sich dann doch für den Staatsdienst entschieden hatte, in dem Glauben, das System von innen heraus verändern zu können. Einen Scheiß konnte sie.

»Morgen, Greta.«

Sie erkannte die Stimme, ohne dass sie sich umdrehen musste: Uwe Fähndrich vom K11. Sie wartete noch einen Moment, betrachtete die beiden Kräne auf der gegenüberliegenden Uferseite, die dort wie riesige Insekten in der aufgehenden Sonne hockten, dann wandte sie sich um.

»Morgen, Uwe.«

War er dicker geworden oder gewachsen? Wahrscheinlich Ersteres. Sie hatten sich das letzte Mal im Februar oder März gesehen.

»So sieht man sich wieder«, sagte er.

Kaffeeatem, müder Blick.

»Hätte mir einen schöneren Ort gewünscht«, sagte sie.

»Wieso? Ist doch idyllisch hier. Jetzt noch eine Picknickdecke und einen Merlot und es wäre das perfekte Date.«

Uwe lächelte. Er war seit über dreißig Jahren im Dienst, und es gab so gut wie nichts, was er nicht gesehen hatte oder was ihn noch beeindrucken konnte. Er hatte als junger Polizist die 90er-Jahre im Bahnhofsviertel erlebt, die Schießereien und Kämpfe rivalisierender Gruppen um Straßenzüge und Clubs, war beim harten Vorgehen gegen die Drogenszene in der Taunusanlage und am Hauptbahnhof dabei gewesen, ein Beamter, der überall hohes Ansehen genoss, weil er gute Polizeiarbeit machte und auch nicht davor zurückschreckte, gegen Kollegen zu stänkern, die ihm zu behäbig waren und nicht sauber ermittelten. Er besaß kein Smartphone, sondern ein altes Nokia, mit dem er zur Not auch jemanden erschlagen konnte, er rasierte sich unregelmäßig und trug abgewetzte Adidas-Treter, mit denen er am Abend auch auf den Bolzplatz ging. Vogelsang mochte ihn, vielleicht gerade deshalb, weil er auf sympathische Weise altmodisch war. Sein Revier war die Straße, und er wollte nichts davon wissen, dass die wirklich großen Dinger schon längst nicht mehr dort, sondern in den oberen Etagen der Hochhäuser, in Edelrestaurants und beim Golfen gedreht wurden. Uwe machte weiter wie früher: Er trieb sich nach wie vor in den Nebengassen und Parks herum, spann an seinem Netz aus Informanten, Kleinkriminellen und Boten, die ihm die verschlüsselten Nachrichten aus den Nächten, aus den Kellerwohnungen und Tiefgaragen überbrachten und übersetzten, war Teil des Spiels, Räuber und Gendarm, geben und nehmen.

»Rauchst du noch?« Uwe kramte in seiner Tasche und hielt Vogelsang eine Packung Marlboro hin.

»Nicht mehr, nein.«

»Dafür ich wieder umso mehr, scheiße.«

Er gähnte und zündete sich eine Zigarette an.

»Und, gehst du noch zur Eintracht?« Sie sah ihn an.

»Ab und zu, ja. Aber irgendwie ist das alles anders geworden. Die Spieler, ich meine, ist denen doch egal, wo sie spielen, die bekommen ein Hotelzimmer oder eine schöne Eigentumswohnung und dann fahren sie in ihrem Sportwagen zum Training und wieder heim und das war's.«

»Würdest du doch genauso machen. Für die Kohle, die die kriegen.«

»Früher habe ich noch mit dem Bindewald und dem Binz ein Bier getrunken, die standen nach dem Training einfach da, und wir haben gequatscht.«

»Die gute alte Zeit.«

»Ja, die gute alte Zeit.«

Sie sahen auf den Fluss. Sie wusste, dass das auch nur Geschichten aus dem Poesiealbum waren, mit Blümchen und Goldrand. Früher war alles besser, alles leichter, am Arsch. Auch damals war es um Kohle gegangen, um Ansehen und darum, das beste Stück vom Kuchen abzubekommen, man hatte es vielleicht nur eine Spur netter ausgedrückt.

Mit kräftigen Schlägen zog ein Ruderer vorbei.

»Wer hat den Toten gefunden?«, fragte Vogelsang.

»Einer vom Ruderverein. Die sind ja immer besonders früh dran.«

»Es soll ein Kollege sein?«

»Ja, leider. Lars Mathissen vom Zoll.« Sie sahen, wie der schwarze Wagen des Bestattungsinstituts rückwärts in die Einfahrt manövrierte. »Wir haben seinen Wagen und die Angelsachen am Schwanheimer Ufer gefunden. Außerdem ein paar Kippenstummel, die wir jetzt analysieren lassen.«

Vogelsang war unwillkürlich zusammengezuckt, als Uwe den Namen genannt hatte. Mathissen. Lars Mathissen. Zollfahnder, einer von der hartnäckigen Sorte, einer, der sich festbiss und dann nicht mehr lockerließ, der einem auf die Nerven ging. Scheiße, dachte sie. Ihr wurde übel.

»Alles okay bei dir?«

»Mir fehlt der Kaffee«, sagte sie und versuchte zu lächeln. »Mathissen, sagst du?«

»Ja, kanntest du ihn?«

»Wir haben hier und da zusammengearbeitet. War einer der Guten, akribisch, konnte die Leute gut einschätzen, gutes Gespür für Situationen. Allerdings hatte er Probleme mit Hierarchien.«

»Erinnert mich an dich.«

»Vielleicht konnten wir deshalb gut miteinander.« Sie atmete aus und fuhr sich mit beiden Händen übers Gesicht. »Und jetzt das hier.«

Vogelsang sah wieder aufs Wasser, betrachtete die kleinen Wellen, auf denen sich blitzend das Licht brach.

Erst am Freitag hatte Mathissen ihr eine Mail geschickt, kurz vor Feierabend; »Dringend« hatte er in Versalien in die Betreffzeile geschrieben. Und jetzt lag er da drüben im schwarzen Leichensack und wurde eben in den Bergungssarg gehoben. Auf eine unheilvolle Art war die Welt aus den Fugen, mal wieder. Und für Augenblicke sehnte sie sich nach ihrem Bett, nach Mikas warmem Körper neben sich, dem schnurrenden Engels am Fußende.

Sie hatte einen bitteren Geschmack im Mund.

»Ich muss in die Falle«, sagte Uwe und gähnte.

Vogelsang nickte.

»Ich setze die Obduktion für den Vormittag an«, sagte sie. »Alles Weitere dann von den Kollegen.«

Sie merkte, dass sie die Worte erleichterten. Sie konnte den Fall jetzt einfach abgeben und musste sich erst mal keinen Kopf mehr machen. Andererseits wusste sie, dass sie nicht einfach so zur Tagesordnung übergehen würde; schon jetzt, da Uwe sich eine weitere Kippe anzündete und der Sargdeckel geschlossen wurde, begann es in ihr zu arbeiten, ein regelrechtes Geratter: Mathissens Mail, seine Beharrlichkeit, die Sache mit den Schuppentieren, an der er bis zuletzt gearbeitet hatte. Was, wenn es da einen Zusammenhang mit seinem Tod gab?

»War schön, dich zu sehen«, sagte Uwe, »trotz allem.«

»Ja. Vielleicht schaffen wir es mal wieder ins Stadion.«

»Würde mich freuen. Ich melde mich.«

»Tu das.«

Wirst eh alles wieder vergessen haben, wenn du später aufwachst, dachte Vogelsang, lächelte aber.

Uwe hob die Hand, stolperte, fing sich wieder und zuckte mit den Schultern. Im selben Augenblick verschwand der Bergungssarg im schwarzen Schlund des Wagens.

Vogelsang hatte abseits der Zapfsäulen geparkt, vor einem der Staubsauger, hatte die Tür geöffnet und schlürfte den heißen Kaffee. Sie mochte den feinen Geruch nach Benzin, der in der morgendlichen Luft lag. Er erinnerte sie an ihre Kindheit, daran, wie sich früher ihr Vater immer wieder in flammender Verzweiflung über den Motor des Rasenmähers gebeugt hatte, die Zündkerzen schrubbte, Benzin nachfüllte und am Anlasser riss, bis das Ding irgendwann tatsächlich stotternd ansprang und er sich mit einem müden, aber glücklichen Lächeln ans Mähen machte.

In kleinen Schlucken trank sie den Kaffee und dachte nach.

Seit knapp zwei Jahren war Vogelsang jetzt in der Abteilung für Wirtschaftskriminalität und leitete dort als Oberstaatsanwältin das Team für Umweltstrafsachen, zu dem neben dem erfahrenen Kollegen Martin Abel auch die junge Staatsanwältin Sonja Wilms und Referendar Rafik Atashi zählten. Sie bearbeiteten Tier- und Artenschutzverfahren, Verstöße gegen das

Lebensmittel- und Futtermittelgesetzbuch, Verfahren nach dem Strahlenschutzgesetz, Schmuggel, illegale Müllentsorgung, alle Sauereien, die die Menschen an und in der Natur begingen. Mit Mathissen hatte sie dabei schon öfter zu tun gehabt, zuletzt in einem Fall von geschmuggelten Schuppen asiatischer Pangoline; da waren Mathissen zwei Reisende aus Hongkong aufgefallen, er hatte ihre Koffer durchsuchen lassen und dabei die in Plastiktüten verpackten Schuppen gefunden. Es hatte sogar einen Pressetermin gegeben, und unter *Vermischtes* war ein Foto in der Zeitung erschienen, das Mathissen und seine Chefin Tina Köster vor dem aufgeklappten Koffer zeigte. Kollege Abel hatte Untersuchungshaft für die beiden Schmuggler angeordnet.

Vogelsang versuchte sich Mathissens Gesicht in Erinnerung zu rufen, aber es gelang ihr nicht, es schien wie hinter Milchglas. Sie zwang sich, ihre Gedanken nicht ins Kraut schießen zu lassen. Sie war nicht mehr für Tötungsdelikte und Leichenfunde zuständig, es würde nicht ihr Fall sein, sie war durch ihren Bereitschaftsdienst bloß hineingeschlittert, Zufall, Schicksal, sie wusste noch nicht, wie sie es nennen sollte.

Es war kurz vor halb acht. Sie würde zu Hause duschen und dann mit dem Rad ins Büro fahren. Beim Gedanken an Mathissens Mail in ihrem Posteingang wurde ihr wieder flau im Magen.

Ihr Smartphone vibrierte. *Papa* stand auf dem Display. Sie nahm ab.

»Hallo, Papa.«

Es rauschte und knackte in der Leitung. Ihr Vater hustete.

»Mama ist wieder unterwegs«, hörte sie ihn sagen. Seine Stimme war dünn.

»Seit wann?«

»Ich weiß nicht genau, halbe Stunde.«

»Die Tür?«

»Hab ich wohl vergessen.«

Vogelsang atmete aus.

»Ich fahre hin«, sagte sie.

»Danke dir.«

»Bis später.«

Sie stellte den Kaffeebecher in die Halterung und zog die Tür zu. Ein leuchtend schöner Morgen, genau richtig, um spazieren zu gehen.

2

Wie sie da saß in ihrem geblümten Morgenmantel, aufrecht, die gelockten Haare noch ungekämmt, erschien sie Vogelsang wie eine müde Königin. Wie eine Königin, die lange geherrscht hatte und nun, eine Tasse Kaffee vor sich, die Reste ihrer royalen Würde zu bewahren versuchte, einsam, aber nicht unglücklich. Die Bäckerei mit dem Café befand sich neben einem großen Supermarkt, Einkaufswägen klapperten, es roch nach Reinigungsmitteln. Vogelsang ging hinein, zum kleinen Tisch, an dem ihre Mutter saß, und zog einen Stuhl zur Seite.

»Darf ich mich setzen?«

Die müde Königin sah auf und lächelte.

»Greta«, sagte sie. »Meine liebe Greta.«

»Hallo, Mama.« Sie setzte sich. »Was tust du hier?«

»Das siehst du doch, ich trinke Kaffee. Gut, dass du jetzt da bist. Ich langweile mich zu Tode, musst du wissen. Sie sind sehr unzuverlässig geworden, vor allem Audrey.«

»Ich habe Clark draußen auf dem Parkplatz gesehen«, sagte Vogelsang.

»Dieser Lump. Was tut er da?«

»Er will lieber in den Garten, bei diesem Wetter.«

»Ich weiß nicht.«

Sie trank einen Schluck Kaffee. Vogelsang stand auf.

»Ich hole mir ein Wasser.«

Sie ging vor an die Theke. Die Verkäuferin erkannte sie und lächelte.

»Sie war sehr höflich«, sagte sie.

Vogelsang nickte und kramte einen Fünfeuroschein aus ihrer Tasche, legte ihn in die Schale.

»Für den Kaffee. Und geben Sie mir bitte vier Brötchen und ein Wasser.«

Zurück am Tisch setzte sie sich nicht mehr.

»Audrey wird auch im Garten sein«, sagte sie.

Die Königin seufzte und stand schwerfällig auf.

Während Vogelsang fuhr, schaute sie immer wieder zu ihrer Mutter. Die blickte aus dem Fenster und bewegte dabei die Lippen, einmal lächelte sie, und Vogelsang dachte, sie ist noch immer so schön, so voller Leben, und trotzdem war ihr klar, dass es so nicht weitergehen konnte.

Sie parkte in der Auffahrt. Ihr Vater stand schon in der Tür. Er kam die Stufen herunter und blieb auf der letzten stehen, hielt sich mit einer Hand am Geländer fest. Wirst immer älter, Papa, dachte Vogelsang. Ihre Mutter stieg aus, begann auf den Vater einzureden, dass sie nun augenblicklich aufbrechen müssten in den Garten, sie könne die anderen unter keinen Umständen warten lassen, Audrey würde einen Aufstand veranstalten, Clark beleidigt Zigarette rauchen. Vogelsang sah, wie ihr Vater die Königin die Stufen hinaufbegleitete und in der Tür stehen blieb. Vogelsang ging vor zur Treppe.

»Wir müssen was machen«, sagte sie leise.

Ihr Vater nickte nur.

»Was, wenn sie mal runter zum Main läuft?«

»Ich hab die Tür vergessen.«

»Ich weiß, Papa, aber das ändert doch nichts. Du kannst euch nicht ewig einsperren.«

»Wir reden ein andermal. Wir gehen jetzt in den Garten, da gefällt es ihr gut.«

»Ich muss auch los. Wir werden was machen, Papa. Wenn du nicht kannst, dann mach ich es.«

Er presste die Lippen aufeinander, es sah beinahe aus wie ein Lächeln. Dann hob er die Hand und verschwand im Haus, schloss die Tür.

Als sich Vogelsang wieder hinters Steuer setzte, war sie plötzlich unendlich müde. Erst der tote Mathissen im Main und jetzt Mama, die rastlose Königin. Sie schloss die Augen und atmete tief durch. Mathissen war nicht ihr Fall, und die Königin kam schon zurecht, kam sie immer.

Marx erwartete sie miauend im Flur. Sie kraulte ihm den Rücken, wie er es mochte, dann ging sie in die Küche. Mika stand neben dem Kühlschrank und schnitt Obst. Sie lehnte sich an ihn.

»Willst du auch?«, fragte er und deutete auf die Schale, in die er das Obst schnippelte.

Sie schüttelte den Kopf.

»War's denn so wichtig?«

»War es.«

Sie hielt noch immer die Tüte mit den Brötchen in der Hand, wusste nicht, wohin damit. Marx strich um ihre Beine. Mika legte das Messer zur Seite und nahm sie in den Arm. Er roch noch nach Schlaf und ein bisschen nach morgendlichem Furz. Sie mochte das. Einige Momente standen sie so, keiner sagte etwas, Marx beäugte sie. Dann löste sie sich, sagte, sie müsse jetzt erst mal duschen.

»Es war Mathissen.« Sie blieb auf dem Weg ins Bad noch einmal stehen, drehte sich um. »Der Tote im Main.«

Mika sah sie fragend an.

»Ein Kollege vom Zoll.«

»Der Angler?«

Vogelsang nickte.

»Was ist passiert?«

»Wahrscheinlich ein Unfall, keine Ahnung. Mal die Obduktion abwarten.«

Während sie unter der Dusche stand und das Wasser auf ihren Rücken und Kopf trommelte, versuchte sie sich erneut Mathissens Gesicht vorzustellen; da waren blonde Haare und klare Augen, etwas Bart, aber das konnte genauso jemand anderes sein, jemand aus der Abteilung. Sie trocknete sich ab, betrachtete ihr gerötetes Gesicht im Spiegel. Wunderschöne Augenringe. Was hatte sie in ihrem letzten Telefonat mit Mathissen besprochen? Es war ein kurzes Gespräch gewesen, und sie konnte sich nicht mehr genau an den Inhalt erinnern, nur daran, dass sie ihm freundlich, aber bestimmt empfohlen hatte, die Ergebnisse seiner Ermittlungen über seine Vorgesetzte der Staatsanwaltschaft zukommen zu lassen, sich an den Dienstweg zu halten, um unnötigen Ärger und Verzögerungen zu vermeiden. Sie fuhr sich mit dem Handtuch übers Gesicht, zog sich ein frisches Shirt an und tappte zurück in die Küche. Ich hätte ihm vertrauen sollen, dachte sie dabei, schenkte sich Kaffee ein. Und während sie sich ein Brötchen aufschnitt und mit Käse belegte, dachte sie, dass sie auch nicht viel besser war als die ganzen anderen Prinzipienreiter, Dienstweg einhalten, keinen Ärger machen. Früher hätte sie einem wie Mathissen den roten Teppich ausgerollt, aber jetzt war sie selbst ja schon halbes Inventar, ein bisschen eingerostet, ein bisschen schwerfällig, wie alle anderen auch.

Sie nahm das Brötchen und den Kaffee und setzte sich zu Mika auf die Terrasse.

»Ich hab Mama wieder beim Rewe eingesammelt«, sagte sie kauend.

Mika sah sie an. Die letzten Male war er es gewesen, der sie nach Hause gebracht hatte.

»Haben sie Audrey und Clark wieder versetzt?«

Vogelsang lächelte, obwohl ihr nicht wirklich danach war. Aber manchmal ging es nicht anders.

»Ich hab zu Papa gesagt, dass wir was machen müssen. Dass es so nicht weitergeht. Ich meine«, sie stockte, starrte auf ihr Käsebrötchen, »ich will nicht eines Morgens aus dem Bett geholt werden, und dann komme ich ans Mainufer und da liegt sie dann.«

»Das wird nicht passieren.«

»Weil sie mit Clark eine Runde schwimmen wollte.«

Vogelsang kaute und sah in den Garten. Engels kam zwischen den Beeten hervor, hockte sich hin und blinzelte in die Sonne.

»Im Moment geht's doch noch«, sagte Mika. »Besser, als sie irgendwohin zu geben.«

»Keiner will sie irgendwohin geben«, sagte Vogelsang eine Spur zu laut und zu gereizt.

»Ich meine ja nur«, entschuldigte sich Mika.

Nicht ihr Morgen. Sie stand auf, fasste Mika zärtlich in den Nacken, dann ging sie hinein. Sie würde das Rad nehmen, die Fahrt ins Büro würde den Kopf frei machen, sie runterholen.

Um kurz nach neun verließ sie das Haus, zurrte noch einmal den Helm fest, schwang sich auf ihr Rennrad und machte sich auf den Weg.

Einen Augenblick lang starrte sie die Pflanze an, bevor sie wieder hinunter auf die Straße sah. Sie lächelte. Wieder einmal hatte sie sich dabei ertappt, wie sie mit ihrer Zimmerpflanze gesprochen hatte. Aus irgendeinem Grund war sie davon überzeugt, dass die dunkelgrünen Blätter und schmalen Stängel sie auf irgendeine Art verstehen konnten, vielleicht nicht direkt die Worte, aber die Melodie ihrer Stimme, das Auf und Ab von dunklen und helleren Tönen. Es war eine Sumpf-Calla aus der Familie der Aronstabgewächse. Normalerweise wuchsen die nicht in den Büros von Staatsanwältinnen, sondern in Waldsümpfen, Hochmooren und auf Feuchtwiesen, aber es schien ihr hier auf dem breiten Sims, im Licht der schräg einfallenden Westsonne und mit genügend Wasser, ganz gut zu gehen. Vogelsang wusste nicht mehr genau, wie die Pflanze in ihr Büro gekommen war, vielleicht ein Geschenk, vielleicht war sie aber auch schon vor ihrem Einzug da gewesen. Sie erinnerte sich nur daran, dass die Pflanze klein und mickrig gewesen war und sie sie sorgsam gegossen hatte, manchmal hatte sie leise mit ihr gesprochen, ihr gut zugeredet, und als sie eines Morgens ins Büro gekommen war, hatte sich über Nacht eine weiße langstielige Blüte geöffnet. Seitdem war Vogelsang davon überzeugt, dass die Calla auf ihre Stimme reagierte.

Sie rutschte vom Sims und ging zurück an ihren Schreibtisch. Ihr Büro war schlicht und zweckmäßig eingerichtet, Schreibtisch, Schrank, Regale. Die Möbel wurden, soweit sie informiert war, in der JVA hergestellt. Als einzigen Luxus gönnte sie sich ein knallrot bezogenes Sofa, auf das sie sich ab und zu warf, auf dem sie die Füße hochlegte, döste oder nachdachte.

Sie las die Mail von Mathissen erneut, las sie zum dritten, zum vierten Mal, ohne wirklich daraus schlau zu werden. Es waren nur wenige Zeilen: Sehr geehrte Frau Vogelsang. Waren sie wirklich noch immer so förmlich miteinander umgegangen? Oder war er sauer auf sie gewesen, weil sie ihn in ihrem vorangegangenen Telefonat auf den Dienstweg verwiesen hatte? Nicht auszuschließen. Mathissen hatte trotz allem um einen persönlichen Termin bei ihr gebeten, möglichst zeitnah. Vogelsang lehnte sich zurück. So eine verdammte Scheiße. Warum Mathissen, warum gerade während ihres Bereitschaftsdienstes?

Es war nicht die erste Mail von Mathissen gewesen. Insgesamt hatte sie drei von ihm in ihrem Postfach, die erste war von Anfang Mai. Damals hatte Mathissen schon einmal einen Schmuggler aus Hongkong auffliegen lassen, der Fall war sogar auf ihrem Schreibtisch gelandet, aber sie hatte den Mann gegen eine Sicherheitsleistung wieder freigelassen und die Sache schnell zu den Akten gelegt. Nicht jeder Tourist mit ein paar Schuppen oder Knochen im Gepäck war schließlich ein Schmuggler, die meisten hatten schlicht keine Ahnung, was sie da ausführten – es sei doch nur ein Geschenk, ein Mitbringsel, nichts weiter.

Aber Mathissen war da anderer Meinung gewesen. Nachdem sie auf seine ersten beiden Mails nicht geantwortet hatte, rief er sie schließlich an. Auf ihre Bitte, er möge doch den Dienstweg einhalten, hatte er nicht reagiert, sondern ihr eindringlich seine Theorie von einem Schmuggelnetzwerk dargelegt. Sie hatte ihn nicht mehr unterbrochen, wusste, dass es nichts nutzen würde. Am Ende seiner Ausführungen, die nicht viel mehr waren als eine Anhäufung von Indizien und Vermutungen, hatte sie ihn gebeten, ihr alles in einer Mail knapp zusammenzufassen. Drei Stunden später hatte sie jene dritte und letzte Mail von Mathissen in ihrem Postfach gehabt. Darin schrieb er knapp, dass er den Hongkong-Chinesen vor seiner Verhaftung noch auf drei weiteren Passagierlisten gefunden habe, alles Flüge von Hongkong nach Frankfurt, dass er dahinter ein Schmuggelnetzwerk vermute und er weitere wichtige Informationen habe, die er mit ihr teilen wolle, wann sie Zeit für ihn habe. Sie hatte aber in dieser Sache nichts weiter unternommen, hatte genug anderes um die Ohren gehabt und auf eine konkrete Anfrage des Zolls gewartet, die aber nie gekommen war. Und dann hatte sie Mathissen einfach wieder vergessen – bis heute Morgen.

Vogelsang stand auf. Hätte sie Mathissens Vermutungen ernster nehmen müssen? Aber auf welcher Grundlage? Mathissens vermeintliche Beweise waren bloße Ankündigung geblieben, die Vermutungen, die er in seinen Mails äußerte, viel zu vage, um eine Ermittlung zu rechtfertigen. Um im Falle eines international operierenden Schmuggelnetzwerks tätig zu werden, brauchte es mehr als zwei, drei Verhaftungen und ein paar beschlagnahmte Schuppen.

Sie ging über den Flur. Die Tür zu Abels Büro war nur angelehnt, er war also da. Die letzten Tage hatte sie ihn nie erwischt, immer war er unterwegs gewesen. Fast so, als wolle er es vermeiden, sie zu treffen. Sie klopfte an und ging hinein. Abel tippte gerade irgendetwas ab und schreckte auf.

»Hast du eine Minute?«

Abel schob sich die Brille in die Stirn und rollte mit dem Stuhl zurück. Es schien ihm unangenehm, dass sie einfach hereingeplatzt war. Er arbeitete schon ewig in der Abteilung, und sie konnte sich auf sein profundes Fachwissen verlassen. Er ging bei seinen Fällen sehr genau und sorgsam vor, manchmal aber wünschte sie sich von ihm etwas mehr Pragmatismus, etwas weniger Prinzipientreue.

»Du hast von der Sache mit Mathissen gehört?«

»Ja, hab ich. Tragisch. Guter Mann.«

»Hattest du in letzter Zeit noch Kontakt mit ihm? Nach der Pangolin-Geschichte?«

»Seit der Verhaftung nicht mehr, nein. Ich ...« Er hielt inne, schien noch etwas sagen zu wollen.

Vogelsang nickte, wartete.

»Glaubst du, dass sein Tod was mit dem Fall zu tun hat?«, fragte er schließlich.

»Es deutet nichts darauf hin. Aber dass er einfach so in den Main fällt, will mir auch nicht in den Kopf.«

Abel nickte.

»Vielleicht was Familiäres«, sagte er. »Was wissen wir schon, was in den Leuten so vorgeht.«

»Ja, vielleicht.« Vogelsang ging zur Tür. »Danke für deine Zeit.«

Sie verließ das Zimmer, glaubte dabei Abel erleichtert seufzen zu hören. Sie brauchte jetzt einen Tapetenwechsel, musste raus. Sie begann schon seltsame Visionen zu entwickeln, und dann erinnerte sie sich jedes Mal an einen Spruch ihres Vaters, den er sich von Altkanzler Schmidt geliehen hatte: Wer Visionen hat, sollte zum Arzt. Sie schmunzelte. Sie würde rüber ins Hafis gehen, jetzt gleich. Sie würde nicht über die Zeil, sondern einen kleinen Umweg durch die schmalen, schattigen Gassen gehen. Sie würde in Ruhe etwas essen und nachdenken.

Das Hafis lag zwischen einem Juwelier und einem Brautmodengeschäft, auf der oberen Zeil nahe der Konstablerwache. Von ihrem Büro aus waren es nur ein paar Minuten, vorbei an bunten Schaufenstern. Auf der Konrad-Adenauer-Straße staute sich der Verkehr, eine Tram rumpelte vorbei. Hier war der Frankfurter Gerichtsbezirk; neben dem Gebäude der Staatsanwaltschaft lag das Oberlandesgericht, gleich daneben hatte die Generalstaatsanwaltschaft ihre Büros. Und schräg gegenüber befand sich das 1. Polizeirevier, das in letzter Zeit wegen der Ermittlungen rund um den Fall »NSU 2.0« in die Schlagzeilen geraten war.

Vogelsang ignorierte die freien Plätze unter den Schirmen und ging hinein; dort war es kühl, an der Wand hing ein stumm geschalteter Flachbildschirm, auf dem ein Fußballspiel lief. Sie setzte sich, lehnte den Kopf gegen die Wand und schloss die Augen.

»Schlechter Tag?«

Vogelsang sah auf. Vor ihr stand Amon, der Besitzer des Hafis. Er stellte einen Tee auf den Tisch und zog den Stuhl etwas zurück, ohne sich jedoch zu setzen. Sie nickte.

»Du siehst hungrig aus«, sagte Amon, »ich mach dir bisschen Hühnchen, Auberginen, Reis.«

»Danke, Amon.« Vogelsang nippte am Tee. »Und bringst du mir noch eine Cola, eiskalt?«

»Bekommst du.«

Sie konnte nicht mehr genau sagen, wann sie angefangen hatten, sich zu duzen. Sie wusste nur, dass Amon sie schon ein paarmal vor dem Verhungern gerettet hatte oder zumindest davor, einen Schwächeanfall zu erleiden, weil sie mal wieder vergessen hatte zu essen; dann hatte sie abends, als sie das Stechen im Magen nicht länger ignorieren konnte, im Hafis angerufen und gefragt, ob sie ihr noch etwas machen könnten, und jedes Mal war Amon persönlich zur Pforte gekommen und hatte Vogelsang das Essen übergeben, dampfend warm, in einer Extraschachtel noch Hummus oder Schafskäse mit Kräutern und Minze, den sie gar nicht bestellt hatte.

Amon stellte die Cola vor sie.

»Der Tote im Main«, sagte er. »Das macht dir Kopfschmerzen, nicht wahr?«

Vogelsang sah ihn an.

»Woher weißt du ...«

»Internet«, sagte Amon.

»Ja klar, sicher.« Vogelsang nickte und nahm einen Schluck von der Cola; die Kohlensäure brannte im Rachen.

»Dein Fall?«

»Nein«, sagte Vogelsang.

»Verstehe das nicht«, Amon sah kurz hinauf zum Bildschirm, »warum tut man das, sich umbringen? Es gibt immer einen anderen Weg. Das ganze Leben, weißt du, stehen wir an einer Kreuzung, immer. Immer müssen wir eine Entscheidung treffen, jeden Tag. In den Fluss springen, das ist falsch, das ist nicht richtig.«

»Wir wissen doch noch gar nicht ...«

»Dein Essen.« Amon ging vor an die Theke, kam zurück und stellte einen Teller vor sie. »Lass es dir schmecken.«

Vogelsang lächelte. Sie griff nach der Gabel, und nach dem ersten Bissen merkte sie, wie hungrig sie war, als hätte sie seit Tagen nichts mehr gegessen.

Während sie aß, sah sie hoch zum Bildschirm und verfolgte die Bewegungen auf dem Spielfeld. Nach ein paar Bissen nahm sie einen Schluck von ihrer Cola und blickte auf ihren Teller. Sie hatte Hunger, aber irgendwie bekam sie nichts mehr runter. Sie lehnte sich zurück, kaute langsam. Amon kam vorbei und blieb stehen.

»Schmeckt nicht?«

»Doch, doch, sehr lecker. Aber ... ich weiß auch nicht.«

»Du musst essen, sonst kannst du nicht klar denken.«

Vogelsang nickte und nahm die Gabel.

»Bei uns sagt man: Jede dunkle Nacht hat ein helles Ende.«

»Das hoffe ich doch.«

»Du kannst ihn nicht wieder lebendig machen. Du kannst nur klug sein und herausfinden, warum er nicht mehr lebendig ist, der Mann aus dem Main.«

Amon ging zurück in die Küche und Vogelsang gabelte sich Reis in den Mund. Nein, sie konnte Mathissen nicht wieder lebendig machen, sie war nicht verantwortlich für seinen Tod, und um die weitere Bearbeitung des Falls würde sich jetzt Sandra Brandt von der Abteilung Kapitalverbrechen kümmern – trotzdem hatte sie ein komisches Gefühl, spürte einen seltsamen Druck, so als würde ihr der Kern einer Himbeere zwischen den Backenzähnen feststecken; sie bekam das Ding mit der Zunge einfach nicht weg.

Sie aß die letzten Bissen.

Das Hafis füllte sich mit Mittagspäuslern, Leute vom Gericht, aus den umliegenden Bürogebäuden. Vorn standen jetzt auch zwei Polizisten, die sich etwas zum Mitnehmen bestellten; sie lehnten sich an einen der Stehtische und schauten hoch zum Flachbildschirm, einer schaute zu ihr. Lächelte er? In den Jahren seit der Sache in Genua hatte sich ihr Verhältnis zur Polizei langsam wieder normalisiert, oft genug hatte sie ja mit Beamten zu tun, die alle gute Polizeiarbeit machten und nicht in den Arschloch-Modus geschaltet hatten; dennoch war da immer ein Schatten geblieben, und seit die Sache mit den Drohmails und der Chatprotokolle voller Nazischeiß aufgeflogen war, war sie wieder misstrauischer geworden. Sie fragte sich, auf welcher Seite die Beamten eigentlich standen. Wie viele von ihnen hatten sich schon in irgendwelche dunklen Ecken des Internets verabschiedet, wo sie zusammen mit Reichsbürgern, Nazis und QAnon-Anhängern Umsturzpläne schmiedeten? Wie tief reichte der Hass, die Verbitterung? Wie viele von ihnen wähnten sich im Widerstand, in einem unsichtbaren Kampf? Die Fragen ließen sie nicht los, ließen immer wieder Vergangenes aufsteigen: die brütend heißen Tage, Straßen voller Zerstörungen und Rauch, der Geruch nach Blut, beißende Tränengaswolken, Geschrei: *pezzo di merda*, blitzende Schilde und Helme, die nichts mehr zuließen, keine Gedanken, kein Atmen, nichts.

Sie schob den Teller von sich, sah auf ihr Smartphone. Sie musste zurück. Während sie bezahlte, sagte Amon, es sei ein schöner Sommertag, wann hatten wir das letzte Mal einen so schönen Tag, und dann lächelte er und packte ihr noch etwas Baklava ein.

Uwe nahm nach dem zweiten Klingeln ab.

»Greta«, sagte er und wirkte nicht überrascht.

»Gibt's was Neues?«, kam sie ohne Umschweife zur Sache.

»Ist doch gar nicht dein Fall.« Sie hörte Gelächter im Hintergrund, Straßengeräusche. »Brandt ist zuständig.«

»Jetzt sei kein Frosch, Uwe«, sagte Vogelsang und lehnte sich in ihrem Bürostuhl zurück.

»Quak«, sagte Uwe. Sie war sich sicher, dass in diesem Moment ein breites Grinsen in seinem Gesicht stand.

»Zur Sache«, sagte er und seine Stimme war plötzlich zwei Oktaven tiefer. »Nach Selbstmord sieht es eher nicht aus, keine klassischen Hinweise auf Ertrinken. Es gibt eine klaffende Wunde am Hinterkopf, weswegen wir jetzt erst mal davon ausgehen, dass wir es hier mit atypischem Ertrinken zu tun haben. Mathissen hat bei seinem Sturz ins Wasser das Bewusstsein verloren, vielleicht durch den Aufprall. Oder er war schon bewusstlos, als er in den Main fiel.«

Vogelsang presste die Lippen zusammen.

»Das ist nur ein erster Befund«, fuhr Uwe fort. »Sie prüfen jetzt, ob er was mit dem Herzen hatte, einen Anfall, so was. Wir haben keinerlei Zeugen, die irgendwas beobachtet haben.«

»Du meinst, er hatte einen Herzinfarkt, ist ins Wasser gefallen und hat sich den Kopf aufgeschlagen?«

»Möglich, ja.«

»Klingt logisch.«

»Ja, klingt logisch. Sagt auch Brandt.«

Beide schwiegen. Uwe schien sich eine Zigarette angezündet zu haben, es rauschte in der Leitung. So was passierte, Menschen fielen um und starben, und keiner bekam etwas mit.

»Aber wenn alles logisch wäre, dann könnten wir jeden Tag pünktlich Feierabend machen und am Wochenende die Beine ausstrecken«, hörte sie Uwe sagen. Er schien plötzlich weiter weg, so als stünde er in einem Tunnel. »Wenn alles so logisch wäre, Greta, dann wäre die Welt ja perfekt.«

3

Mian

Für einen Moment glaubte Mian, sie würde ersticken. Sie saß auf dem Bett, hielt ihr Smartphone in der Hand und merkte, wie ihr die Luft wegblieb. Sie machte sich gerade, legte das Telefon neben sich. Ihre Hände begannen zu kribbeln. Sie ging ans Fenster, atmete, ging zum Waschbecken und sah ihr bleiches Gesicht im Spiegel, atmete. Sie versuchte, an etwas Schönes zu denken. An ihre Freundin Jamie, mit der sie in einer winzigen Wohnung in einem der Hochhäuser Hongkongs gelebt hatte; sie dachte an ihre gemeinsamen Wochenenden vor dem Fernseher; sie hatten sich irgendeinen Actionfilm angeschaut und dazu Unmengen Eis gegessen oder Mario Kart gespielt, bis sie schließlich nebeneinander eingeschlafen waren. Sie dachte an den Anblick Hongkongs aus dem Flugzeug, an die Inseln und winzigen Boote und wie es sein würde, die Stadt irgendwann wieder als freier Mensch zu betreten.

In letzter Zeit hatte sie ständig diese seltsamen Anfälle, begann zu schwitzen, bekam schlecht Luft, so, als würde sich jemand auf ihren Brustkorb setzen. Sie fühlte sich wie in einem Schraubstock, zuckte zusammen, wenn ihr Smartphone vibrierte, erschrak, wenn irgendwo im Haus ein plötzliches Geräusch zu hören war.

Langsam beruhigte sie sich.

Sie würde sich fertig machen und dann nach unten gehen, in gut zwei Stunden würde das Restaurant öffnen. Sie blickte sich im Spiegel an, strich sich über die Wangen. Sie nahm etwas Concealer und kaschierte damit ihre Augenringe. Sie merkte, dass ihre Hände leicht zitterten, und hörte auf, sich weiter zu schminken. Sie schob sich das Smartphone in die Hosentasche und strich ihr schwarzes Hemd glatt, band sich einen Pferdeschwanz.

Es klopfte an der Tür.

Sie zuckte zusammen und regte sich nicht.

»Mian? Mach auf!« Es war Shengs Stimme. Sheng war Wangs rechte Hand, ein schweigsamer Typ, der kaum den Mund aufmachte, und wenn, dann nur, um ihr irgendwelche Anweisungen zu geben. »Wang will dich sehen!«

Sie öffnete die Tür einen Spalt. Sheng drückte sie auf und Mian stolperte zwei Schritte zurück.

»Hast du verstanden?«

Sie nickte.

Sheng rührte sich nicht von der Stelle. Er stand da in seinem dunklen Jogginganzug, die Arme vor der Brust verschränkt, und wartete. Mian zog die Schultern hoch. Wenn sie könnte, würde sie diesem Arschloch eine Kugel zwischen die Augen ... aber sie konnte nicht. Sie versuchte ein schmales Lächeln, ihr antrainiertes Service-Lächeln. Dann verließ sie das Zimmer und folgte Sheng hinunter in den Gastraum.

Sie hörte die Geräusche aus der Küche. Wang saß an einem der kleinen Zweiertische in der Ecke, von wo aus man den ganzen Raum überblicken konnte, vor ihm stand eine Tasse Kaffee, er las in einer Zeitung. Sheng schubste sie. Wang hob nicht den Kopf, als Mian vor ihm stand, er war in irgendwelche Wettergebnisse vertieft. Hin und wieder nahm er schlürfend einen Schluck Kaffee, schmatzte, schrieb etwas in ein kleines schwarzes Notizbuch. Sie konnte nicht genau sagen, wie alt Wang war, Mitte fünfzig vielleicht. Es gab Momente, da wirkte er uralt, da war sein Gesicht voller Falten, eingefallen, müde; dann wieder straffte sich die Haut über den Wangen, seine Stirn glänzte, und er fixierte sein Gegenüber mit seinen kalten, kleinen Augen. Er sah seinem Bruder Lee nicht besonders ähnlich, er wirkte älter als er, obwohl er eigentlich der Jüngere war.

Wang sah auf. Seit Luan bei seiner letzten Reise fast aufgeflogen wäre, war er noch unberechenbarer geworden, launisch, misstrauisch. Die meiste Zeit hockte er im Gastraum und beäugte jeden, der das Restaurant betrat. Mit einer Kopfbewegung bedeutete er Mian, sich zu setzen, dann senkte er den Blick wieder auf die Zeitung, blätterte um. Wang sprach stets nur das Nötigste mit ihr, so als spreche er mit einem Hund: Tu dies, mach das.

»Nächsten Dienstag fliegst du«, sagte er, ohne aufzusehen. »Zwei Koffer.«

Wieder las er, nahm einen Schluck Kaffee. Dann sah er sie an, ein kleiner, schlanker Raubvogel.

»Es wird alles genauso ablaufen wie immer, gleiches Hotel. Du übergibst die Koffer und kommst zurück. Hast du das verstanden?«

Sie nickte.

»Bist ein liebes Mädchen.« Wang sah wieder in seine Zeitung. Mian rührte sich nicht. Sie fühlte einen Druck in ihrer Brust und musste sich am Stuhl festhalten.

»Mach jetzt deine Arbeit.«

Mechanisch ging sie hinter die Theke, schenkte sich ein Glas Mineralwasser ein und trank. Sheng hatte sich zu Wang gesetzt, die beiden sprachen leise miteinander. Das Glas in ihrer Hand zitterte leicht.

Ein paarmal müsse sie diese Tour für ihn machen, hatte sie Lees Stimme im Ohr, er sei großzügig zu ihr gewesen und sie ihm nun etwas schuldig. Lee besaß in Hongkong zwei Hotels und mehrere Restaurants, in denen sie gearbeitet hatte. Er war nach außen hin ein freundliches Männchen mit dunklen Augen und einem gutmütigen Lächeln, das jeden wieder aufmunterte.

Mit diesem Lächeln hatte er sie dazu gebracht, in das Flugzeug nach Deutschland zu steigen. Hätte sie damals in Hongkong geahnt, dass er sie in ein fremdes Land zu seinem Bruder Wang schicken, dass der sie in einem kleinen, muffigen Zimmer einsperren und ihr den Pass wegnehmen würde, sie wäre einfach abgehauen, wäre irgendwo in der riesigen Stadt verschwunden. Aber damals hatte sie Lee geglaubt und vertraut. Dass er sich um sie kümmern würde, dass sie eine große Zukunft vor sich habe und die Arbeit bei Wang in Deutschland nur ein Zwischenschritt sei, ein Teil ihrer Vereinbarung, bevor es dann aufwärts mit ihr gehe. Sie hatte damals geglaubt, wirklich einmal Glück gehabt zu haben. Jetzt hockte sie hier, in einem Land voller unverständlicher Regeln und seltsamer Bräuche, in einem Land, in dem sie niemand kannte und eine Unsichtbare war.

Doch noch war es nicht zu spät. Sie brauchte nur einen Plan.

Mian begann einzudecken. Sie schleppte Stapel von Tellern hinüber zu den Büfetttischen, baute die Heizplatten auf, stellte die Kärtchen mit den Beschreibungen auf. Bratreis. Peking-Ente. Wan Tan. Dann ging sie raus auf die Terrasse, legte die Kissen aus, wischte die Tische, spannte die Schirme auf. Sie goss die Blumen, die auf den Fensterbänken standen, und ging mit einem Handstaubsauger über alle Stuhlbezüge. Wang und Sheng waren verschwunden. Sie sah auf die Uhr. Eine halbe Stunde hatte sie noch, dann würden die ersten Gäste kommen, der Flugzeugnerd, Handwerker auf Montage, Leute aus der Siedlung. All you can eat für zwölf Euro fünfzig inklusive eines Getränks. Die Leute hier liebten so etwas, vollgehäufte Teller, das Gefühl, rundum versorgt zu sein, um am Ende die Hälfte in den Mülleimer werfen zu können.

Sie ging in die Küche. Bailong und Yon standen eingehüllt in Dampf vor den Pfannen und Töpfen und brüllten sich Sachen zu, nahmen von ihr keine Notiz.

Luan hatte sie heute noch nicht gesehen.

Sie öffnete die Küchentür und ging nach draußen. Ein hoher Zaun umgab den Hof des Restaurants, es stapelten sich Kartons und Kisten, Säcke voller Müll, herumstehende Flaschen. Sie musste Luft holen. Am späten Mittag, wenn die Sonne über dem Hof stand, würde die Hitze unerträglich werden, hier war alles staubtrocken, es gab nicht wie in Hongkong regelmäßig Regen.

Sie hörte hinter sich ein Geräusch. Luan kam die schmale Kellertreppe herauf und schlug sich eine Zigarette aus der Packung. Sie war froh, dass sie normalerweise nicht nach unten musste. Sie ekelte sich vor dem Raum, vor dem Geruch, dem Anblick der Becken. Luan zog zweimal und hielt ihr die Zigarette hin. Sie schüttelte den Kopf.

»Was wollte der Alte von dir?«, fragte er.

»Ich muss wieder fliegen.«

»Wird Zeit, dass sie wegkommen«, sagte Luan.

Er war blass, genau wie sie. In den letzten Tagen hatte er unsicher gewirkt, obwohl er versucht hatte, seine Angst vor ihr zu verbergen. Sie hatte das Gefühl, dass sich seit der Sache am Flughafen alle belauerten. Auch sie wusste nicht, wem sie noch trauen konnte. Es gab da dieses Gerücht, dass die ganze Gruppe verpfiffen worden war und man deshalb Luan am Flughafen verhaftet hatte.

Luan ließ die Zigarette fallen und trat sie aus. Er wirkte heute gelassener, so, als wüsste er genau, was er als Nächstes tun würde.

»Lass uns anfangen«, sagte er.

Nach der Schicht ging sie in ihr Zimmer und drehte den Schlüssel zweimal um. Sie würde ihre Sachen packen. Noch heute würde sie ihre Sachen packen und abhauen. Zum Flughafen dauerte es mit dem Zug gerade mal fünf Minuten, und dann würde sie sich an einem Schalter ein Ticket nach Kanada kaufen, notfalls würde sie sich auf der Toilette verstecken und dort abwarten, bis der Flug ging. Das war ihr Plan. Er war nicht sonderlich genial, aber es war ein Plan.

Sie warf die schwarze Sporttasche aufs Bett und begann, ein paar Sachen einzupacken: zwei Shirts, zwei Hosen, Socken, Slips, BHs. Es fühlte sich gut an. Sie wusste, dass es weitergehen würde, sie wusste, dass es jenseits dieses Zimmers ein Leben für sie gab.

Sie ging ans Fenster, sah runter in den Hof.

Das kurze Hochgefühl war schon wieder verflogen. Jetzt fühlte sie sich unendlich müde, wie leer gesaugt, fühlte sich wie einer dieser Nachtfalter, die am Morgen, wenn es hell wurde, verzweifelt an einer Scheibe auf und ab flatterten.

Sie schloss die Tasche und schob sie unters Bett. Sie hatte dreihundert Euro gespart und das Geld in eine kleine Plastiktüte eingewickelt. Weit würde sie damit nicht kommen, geschweige denn bis Kanada.

Lee und Wang hatten sie in der Hand.

Sie griff nach ihrem Smartphone und rief die letzte Nachricht von Hao auf. In der hatte sie ihr ein Bild des Hauses geschickt. Es lag neben anderen Häusern in der Nähe eines Sees, der Morris Lake hieß. Hao hatte geschrieben, dass sie sich über ihren Besuch freue und dass sie gemeinsam auf den See fahren würden, ob sie schon einmal geangelt hätte? Das Bild hatte etwas Beruhigendes, das Haus zwischen den Bäumen, dahinter das dunkle Wasser, ein Anblick wie aus einer anderen Welt. Aber genau dahin wollte sie. Hao war die Schwester ihrer Mutter, die Hongkong schon vor Jahrzehnten verlassen hatte und ins Land ihres Mannes gezogen war, einem Hubschrauberpiloten der kanadischen Airforce. Mian hatte sie über Facebook gefunden und angeschrieben, seitdem tauschten sie sich aus. Sie hatte Hao nichts von Frankfurt erzählt, nichts von Wang und Lee, nichts von ihren Touren. Für Hao war sie eine Studentin irgendwo in Europa, und Hao bestand darauf, dass Mian sie und ihren Mann bald besuchen kam.

Es war kurz vor elf und noch immer war es zu warm. Es klopfte an der Tür. Ein leises, fast zaghaftes Klopfen. Sie wusste, dass es Luan war.

Sie ging zur Tür und öffnete. Er stand da, in kurzen Hosen und einem schmutzigen Shirt, in der Hand eine Flasche Whiskey und zwei Gläser. Ob sie noch was trinken wolle. Er grinste. Luan hielt sich für einen Whiskey-Kenner, schlürfte beim Trinken, zog die Lippen zusammen, während sie nur den scharfen Geschmack von Alkohol im Mund hatte. Eigentlich hatte sie noch duschen wollen und dann ins Bett, aber sie ging einen Schritt zur Seite und ließ Luan ins Zimmer. Er zog sich einen Stuhl heran und setzte sich an den kleinen Tisch, schenkte ein.

»Auf dich«, sagte er.

Sie nahm ihr Glas und trank. Der Whiskey brannte im Rachen. Aber in ein paar Minuten schon würde sie sich leichter fühlen, alles würde ein bisschen egaler werden. Sie setzte sich aufs Bett.

»Ich werde bald mein eigenes Ding machen«, sagte Luan und starrte in sein Glas. »Ich werde meinen Kopf nicht mehr für Wang hinhalten. Solltest du auch nicht tun.« Er sah auf.

Mian trank und zuckte nur mit den Schultern. Seit Luan am Flughafen verhaftet worden war, ließ ihn Wang nicht mehr fliegen, sondern nur noch die Fische unten im Keller füttern.

»Ich werde verschwinden, hab Geld«, sagte Luan.

»Und woher?«

Luan grinste verschlagen.

»Ich bin nicht dumm«, sagte er. »Ich hab einiges bei Wang

gelernt, und es gibt Leute, die sind daran interessiert, was ich weiß.«

»Was für Leute?«

»Leute eben. Sie bezahlen besser als Wang. Und mit dem Geld kaufe ich ein Haus und eröffne einen Laden.«

»Und was willst du da verkaufen?«

»Lebensmittel, Klamotten, so was.«

Mian trank ihr Glas leer, stellte es auf den Boden und ließ sich nach hinten aufs Bett fallen.

Sie sprachen nie besonders viel miteinander, und ihr Zusammensein diente eher der Befriedigung eigener Bedürfnisse nach Nähe, nach Körper, als dass es um so etwas wie Beziehung oder Liebe ging. Der Whiskey half. Luan stand auf und legte sich neben sie, begann sie zu streicheln. Mian schloss die Augen. Sie spürte, wie er sie küsste, am Hals, den Wangen, ihr das Shirt nach oben schob. Er roch nach Alkohol und den Dünsten aus der Küche. Rasch zogen sie sich aus. Luan drehte sie um und legte sich auf sie. Sie spürte die Schwere seines Körpers auf sich, das Bett knarzte rhythmisch.

Als sie fertig waren, zündete sich Luan eine Zigarette an. Sie standen nackt am Fenster und rauchten.

»Vielleicht kommst du mit mir mit?«, sagte Luan.

Immer, wenn sie miteinander geschlafen hatten, wurde er sentimental.

»Vielleicht.«

»Könnte ich mir gut vorstellen, du und ich zusammen.«

Mian zuckte mit den Schultern. Luans plötzliche Selbstsicherheit verwunderte sie noch immer.

»Du willst doch auch nicht ewig hierbleiben, in diesem kleinen Zimmer.«

»Nein, will ich nicht.«

Aber wo hatte Luan plötzlich das Geld her? Sie traute ihm

nicht. Was waren das für Leute, die an ihm interessiert waren? Meinte er die Polizei? War er dabei, sie alle zu verraten? Ein kalter Schauer lief ihr den Rücken runter. Dann wäre sie genauso dran wie Wang und Sheng, denn ob sie es wollte oder nicht, sie hing schon zu tief in der Sache drin. Verschwinden, ja, das war die einzige Lösung, aber nicht mit Luan, sondern auf eigene Faust. Sie dachte wieder an das Haus am See, diesen unwirklichen Ort, den es aber tatsächlich gab.

Luan zog sich die Hose an und hockte sich wieder auf den Stuhl. Mian schlüpfte in ihr Shirt und legte sich aufs Bett. Sie war todmüde und wollte nur noch schlafen.

Luan stand auf, trank den letzten Rest aus der Flasche und sagte, er würde jetzt ins Bett gehen. Da war Mian schon fast eingeschlafen. Sie hörte ihn noch hinausschlurfen und die Tür hinter sich zuziehen, dann löste sich die Welt um sie herum auf.

Der Tag hatte sich gezogen. Ewig waren die Gäste auf der Terrasse vor ihren Gläsern sitzen geblieben, hatten noch Snacks bestellt, Frühlingsrollen, Pommes, Garnelenspieße, und während sie sich das Zeugs in den Mund stopften, hatten sie laut gelacht und geredet. Mian hatte die Terrasse allein aufgeräumt, die Stühle zusammengestellt, die Schirme eingeklappt.

Luan war heute Morgen nicht zur Arbeit erschienen, und sie fragte sich, ob er sein Vorhaben schon wahrgemacht hatte und abgehauen war. Aber andererseits: Auch wenn er Geld hatte, Wang würde ihn nie einfach so gehen lassen. Sie sah immer wieder hinüber zu Wang und Sheng, die an dem kleinen Tisch saßen, Bacardi-Cola tranken und sich auf dem großen Flachbildschirm an der Wand ein Pferderennen ansahen. Die beiden wirkten nicht so, als würden sie Luan vermissen. Wussten sie noch gar nichts von seinem Verschwinden? Oder wussten sie es und es machte ihnen nichts aus? Während sie die Tische sauber machte, wuchs ihre Wut auf Luan. Wie konnte er sie einfach so hier sitzen lassen mit der ganzen Arbeit? Dann würde sie bald auch noch die Fische versorgen müssen und Sheng würde sie noch stärker überwachen.

Sie ging in die Küche, wusch den Lappen aus und schenkte sich noch ein Glas Wasser ein. Sie hörte Bailong in der Küche singen, während er Töpfe und Pfannen abwusch. Sie ging nach oben. Eine Weile stand sie vor Luans Tür und lauschte. Es war nichts zu hören. Sie klopfte, aber er machte nicht auf. Sie sah in der kleinen Küche nach und im Bad, fand ihn dort aber auch nicht. Wieder klopfte sie an seine Tür. Vielleicht schlief er. Vorsichtig drückte sie die Türklinke herunter, es war nicht abgeschlossen. Das Zimmer war verlassen, die Decke lag zerwühlt auf dem Bett. Sie sah sich um. Ein paar Klamotten hingen über dem Stuhl. Auf dem Tisch lagen Tabak und der Zigarettenstopfer. Die Fenster waren geschlossen.

Für einige Augenblicke stand sie regungslos da und lauschte. Dann ging sie in den Gang zurück, zog leise die Tür hinter sich zu und huschte in ihr Zimmer. Dort schaltete sie den Fernseher ein und setzte sich aufs Bett. Sie sah auf ihr Smartphone. Sollte sie Luan schreiben? Wahrscheinlich war er doch ihre einzige Chance, hier rauszukommen. Die ganze Sache mit Hao und dem Haus, ihrem Plan, sich in die nächste Maschine nach Kanada zu setzen – das war ja doch nur ein Wunschtraum.

Denn sie saß hier fest. Ohne Geld, ohne Pass.

Sie konnte nicht einfach weg.

Im Fernseher lief irgendein deutscher Krimi. Die meisten Filme hier fand sie langweilig, die Leute redeten nur, standen herum und rauchten, manchmal schrien sie sich auch an. Aber es flog nichts in die Luft, keine Autos krachten ineinander, niemand sprang mit einem Fallschirm von einem Hochhaus. Als sie damals in Hongkong zusammen mit ihrer Freundin Jamie Filme geschaut hatte, begleiteten sie lautstark jede Explosion, jeden Sprung, klatschten und feuerten den Helden an, denn sie wussten ja, dass er am Ende immer gewinnen würde, egal wie aussichtslos die Situation auch war. Und je mehr dem Helden um die Ohren flog, je mitgenommener er aussah, desto besser. Am Ende lud er jedes Mal seine Waffe neu und grinste zuversichtlich.

Ihr Smartphone meldete eine neue Nachricht. Hao schickte ein weiteres Bild: Es zeigte sie neben ihrem Mann auf einem Bootssteg. Der Himmel hinter ihnen war strahlend blau, der See ruhig und dunkel. Hao lächelte und hielt einen Fisch an den Kiemen in die Höhe. *Wir freuen uns auf dich,* schrieb sie. *Wann kommst du?*

4

Sandra Brandt war einige Jahre jünger als Vogelsang und noch nicht lange bei der Staatsanwaltschaft, trotzdem galt sie als unnachgiebig und nahm es mit allem sehr genau; Vogelsang glaubte, dass sie einfach keinen Fehler machen und jedem beweisen wollte, dass sie trotz ihres Alters die Stelle verdient hatte und mit allem klarkam. Brandt hatte in den ersten Monaten, als sie und Vogelsang noch in derselben Abteilung gewesen waren, ihre Nähe gesucht, und Vogelsang hatte sich Zeit für sie genommen, ihr die Abläufe erklärt, auf mögliche Fallstricke hingewiesen. Seit Vogelsangs Wechsel sahen sie sich oft nur noch zu Besprechungen oder ab und zu beim Mittagessen, Brandt erzählte ihr dabei von ihren Fällen und Vogelsang hörte zu.

Jetzt stand sie vor Brandts Bürotür und wartete. Sie hatte geklopft und war reingegangen, aber als sie Brandt mit Stöpseln in den Ohren am Fenster hatte stehen sehen, in ein anscheinend wichtiges Telefonat vertieft, hatte sie die Tür wieder leise zugezogen.

Vogelsang ging ein Stück den Gang hinauf und sah auf die Straße. Sie war etwas außer Atem vom kurzen Weg rüber ins Hauptgebäude. Seit ihrem Abteilungswechsel hatte sie ihr Büro im Helberger-Haus, während das Hauptgebäude der Staatsanwaltschaft jenseits der Konrad-Adenauer-Straße lag, etwa fünf Minuten zu Fuß.

Die Hitze war hier im Gang nur zu erahnen. Sie war müde, hatte Kopfschmerzen, hatte nicht besonders gut geschlafen. Der Bereitschaftsdienst hatte sie wirklich fertiggemacht, die Sache mit Mathissen, die sie noch immer nicht richtig begreifen konnte. Seit Brandt ihr geschrieben hatte, ob sie kurz vorbeikommen könne, hoffte Vogelsang darauf, dass ihre Kollegin neue Informationen hatte.

Die Tür ging auf, Brandt blickte in den Gang, lächelte, als sie Vogelsang sah, und winkte sie zu sich.

»Sorry, war wichtig.«

Sie schloss die Tür, Vogelsang blieb vor dem Schreibtisch stehen.

»Ich wollte mit dir noch mal kurz über Mathissen sprechen«, sagte Brandt. »Ich will da nichts übersehen. Bisher gibt es bei seinem Tod keine Anzeichen auf Fremdeinwirkung.«

»Was ist mit den Zigarettenstummeln?«

»Wir haben DNA-Spuren gesichert, aber bisher keinen Treffer. Im Moment müssen wir von einem Unfall ausgehen.« Brandt machte eine kurze Pause. »Es sei denn, du hättest etwas.«

Brandt stand ans Fenstersims gelehnt da, die Arme vor der Brust verschränkt. Sie wirkte selbstsicher. Das hier war ihr Revier, ihre Sache.

»Ich glaube, Mathissen war da an etwas dran, aber ich weiß nicht genau, was es war. Er sah Anhaltspunkte für ein Schmuggelnetzwerk.«

»Hatte er dafür denn Beweise?«

»Nichts Konkretes, soweit ich weiß. Es gab in den letzten Wochen ein paar Verhaftungen am Flughafen.«

»Du glaubst also, dass es jemand auf Mathissen abgesehen hatte?«

»Wäre möglich. Als Zollfahnder bist du ja in gewissen Kreisen nicht unbedingt beliebt.«

Brandt stieß sich vom Sims ab und ging zu ihrem Schreibtisch, setzte sich.

»Uwe sagte, du kanntest den Toten.«

»Wir hatten in ein paar Fällen miteinander zu tun, aber richtig kennen wäre zu viel gesagt.«

»Wir ermitteln jetzt erst mal in alle Richtungen, aber im Moment sehe ich nichts Handfestes, was für ein Gewaltverbrechen sprechen könnte«, Brandt lehnte sich zurück, »wir haben keine Zeugen, kein Motiv, nichts, was eine Ermittlung in Richtung Tötungsdelikt rechtfertigen würde.«

»Und die Kopfwunde?«

»Könnte vom Sturz stammen. Wir checken gerade seine Krankengeschichte, ob es da irgendwas gibt, Herz, Lunge, vielleicht Alkohol, irgendwelche Medikamente.«

»Mathissen war Angler«, sagte Vogelsang. »Soweit ich weiß, in einem Verein. Vielleicht ist das eine mögliche Richtung, vielleicht wissen die mehr.«

Brandt richtete sich auf. Vogelsang verstand, dass sie sich bereits festgelegt hatte und das Gespräch lediglich ihre letzte Rückversicherung gewesen war, um keinen Fehler zu machen. Auch wenn bei unklarer Todesursache eines Beamten noch mal genauer hingeschaut wurde, die Rechtsmedizin ein paar Untersuchungen mehr durchführte, alles etwas zügiger ging, würde Brandt den Fall bei dieser unklaren Lage nicht länger offenhalten als nötig, wenn nicht plötzlich doch noch ein Zeuge auftauchte oder die Mordwaffe vom Himmel fiel.

»Mit Fähndrich ist da ein erfahrener Ermittler dran«, sagte Brandt mit einem selbstsicheren Lächeln, eines, das Vogelsang sagen sollte: Wir wissen hier schon, wie die Sache läuft, kümmer du dich um deinen Kram und wir kümmern uns um unseren. »Und weil Mathissen ein Kollege war, gehen wir da sehr gründlich vor. Aber es scheint mir doch eher unwahrscheinlich, dass es sich um einen Mord oder einen Racheakt handelt, nur wegen ein paar geschmuggelter toter Tiere.«

Vogelsang kannte das: Seit sie die Abteilung gewechselt hatte, glaubten die alten Kollegen, sie wollte nur ihre Ruhe haben, keine echten Fälle mehr, sondern nur noch Gemüse, wo die anderen doch jeden Tag um den Grill standen, vom Rauch tränende Augen bekamen und sich die Pfoten verbrannten. Gefährlich in jedem Fall, die wahren Verbrecher. Vogelsang dagegen klopfte nur ab und an mal einem Touristen auf die Finger, wenn der Schlangenhaut oder einen Gürtel aus Krokodilleder aus dem Urlaub mitbrachte. Alles nicht weiter der Rede wert.

»Wenn du meinst.« Vogelsang versuchte, diplomatisch zu klingen.

»Lass uns mal wieder zusammen Mittag essen«, sagte Brandt.

»Ja, das machen wir.«

Brandt stand da, die Sonne im Rücken, und wirkte für Augenblicke wie eine sehr alte Statue, wunderschön und kühl. Vogelsang verabschiedete sich und verließ den Raum.

Sie arbeitete einige der Zuträge ab, eröffnete zwei Verfahren wegen illegaler Müllentsorgung im Stadtwald und hielt Rücksprache mit ihrer Kollegin Sonja, die sich um den Fall von zwei verwahrlosten Pferden auf einem Grundstück in den Schwanheimer Dünen kümmerte. Sie versuchte sich auf das Gespräch mit Sonja zu konzentrieren; sie schätzte sie, ihre ruhige, genaue Art, die auf andere unterkühlt, vielleicht sogar desinteressiert wirkte, dabei sagte Sonja einfach nur dann etwas, wenn es sich lohnte, und arbeitete sonst akribisch und still für sich. Klar war auch noch eine gewisse Unerfahrenheit dabei, aber das würde sich legen. Rafik dagegen, genauso begabt und furchtlos wie Sonja, war eloquent, redete gern und schnell, und Vogelsang mochte die quirlige Unruhe, die er in den Laden brachte, seine Stimme beim Telefonieren, sein Lachen. Das fehlte im Moment, seit Rafik vor einer Woche in den Sommerurlaub nach Marokko geflogen war.

Vogelsang versuchte Sonja ein paar Tipps zu geben, merkte aber schnell, dass sie nicht ganz bei der Sache war. Mathissen ging ihr nicht aus dem Kopf. Wie ein Schatten folgten ihr die Bilder, der stille, schimmernde Main, der schwarze Leichensack, Uwe und sie plaudernd am Ufer, als träfen sie sich kurz vor einem Fußballspiel. Das alles passte nicht zusammen. Das alles ergab überhaupt keinen Sinn. Immer wieder schreckte sie auf und merkte, dass sie hinüber zum Fenster gestarrt hatte, zur Calla. Von der Straße zog schwaches Stimmengewirr zu ihr herauf. Sie versuchte wieder an der Akte zu arbeiten, die sie aufgeschlagen vor sich liegen hatte, griff zum Telefon, hatte aber da schon wieder vergessen, was sie eigentlich hatte wissen wollen.

Verdammt noch mal.

Sie stand auf, verließ ihr Büro und ging in die Teeküche, wo sie ein Glas kaltes Wasser trank und dann noch eins. Sie stand gegen die Anrichte gelehnt und drückte sich das Glas gegen die Stirn. Sie war todmüde. Sie dachte an ihren Vater, die nächste Baustelle.

»Alles okay?« Sonja stand in der Tür.

»Ja, nein, eigentlich nicht.« Vogelsang stellte das Glas in die Spüle.

»Abel hat mir von Mathissen erzählt. Dass du gestern noch Bereitschaft hattest.«

»Kann mir einen schöneren Start in den Tag vorstellen«, sagte Vogelsang und versuchte zu lächeln.

Sie wollte gegenüber Sonja nicht resigniert wirken, schließlich hatte sie Sonja und auch Rafik in ihr Team geholt, um sie vor allzu großen Arschlöchern zu bewahren und sie dazu zu bringen, ihren eigenen Kopf einzusetzen, die Dinge zu hinterfragen, unbequem zu sein.

»Ist ja jetzt nicht mehr unsere Baustelle«, sagte sie und sah zu Sonja, die sich gegen den Türrahmen gelehnt hatte und die Stirn runzelte, »aber ich habe Mathissens Anliegen in letzter Zeit nicht gerade vorrangig behandelt, ich habe da einfach keine Anhaltspunkte gesehen.«

»Du meinst die Sache mit den Schuppentieren, an der er beteiligt war?«

»Ich glaube, Mathissen wusste mehr, als er mir gesagt hat.«

»Gewerbsmäßiger Handel?«

»Ja, vielleicht sogar ein international operierendes Netzwerk. Ist ja nicht so, dass die uns das unter die Nase reiben, klar geben die sich als Touristen oder Geschäftsreisende aus.«

»Aber Mathissen hatte keine Beweise, oder?«

»Er wollte sich mit mir treffen.« Vogelsang atmete hörbar aus und streckte sich. »Bringt jetzt alles nichts. Ich rechne damit, dass Brandt den Fall bald schließen wird. Tragischer Unfall. Machen wir also weiter.«

Machen wir also weiter. Vogelsang hörte den Satz in ihrem Kopf nachhallen, was für ein scheißblöder Satz, wieso sagte sie so was? Auch Sonja sah sie etwas irritiert an. Vogelsang versuchte ein aufmunterndes Lächeln und verließ die Teeküche.

Sie saß eine Weile auf ihrem Bürostuhl und drehte sich im Kreis, legte den Kopf in den Nacken und schloss die Augen. Sie sah das glitzernde Wasser, kleine Wellen, ein irres Schimmern, in das sie unwillkürlich hineingezogen wurde. Sie öffnete die Augen wieder und sah an die Decke. Sie musste hier raus. Sie brauchte eine Auszeit, ein paar Kilometer auf dem Rad. Sie griff nach ihrem Smartphone und wählte Mikas Nummer.

Als Vogelsang die Gutleutstraße stadtauswärts entlangradelte, versuchte sie, die Gedanken an die Arbeit irgendwie loszuwerden, kriegte sie aber nicht aus dem Kopf.

Der Radweg war in schlechtem Zustand. Immer wieder musste sie kurz abbremsen und Schlaglöcher umfahren, während neben ihr die Autos auf glattem Asphalt dahinrollten. Es gibt immer eine Mehrheit, dachte sie, und die gibt den Ton an; Einfamilienhaus, Autos, Fußball, natürliche Todesursache. Sie bremste vor einer Bushaltestelle ab und umkurvte einen ausgebrannten, aus der Fassung gerissenen Mülleimer. Und dann sind da überall diese kleinen Revolutionen. Sie musste grinsen.

Das Orange Beach lag direkt am Fluss, unter der Alten und Neuen Niederräder Brücke, über die im Minutentakt Züge ratterten und jedes Wort schluckten, das unten auf den Bierbänken und Liegestühlen gewechselt wurde. Das Orange Beach war eine Mischung aus Biergarten und Kiosk und vor allem bei Radlern beliebt. Mika war schon da. Sie lehnte ihr Rad gegen seine schwarze Rennmaschine und schloss es ab. Er saß in seinem hautengen Raddress in einem der Liegestühle und hatte seine sehnigen, gebräunten Beine ausgestreckt; er schien zu dösen. Sie näherte sich ihm langsam und betrachtete ihn einige Augenblicke. Sein Gesicht war entspannt, die grauen Stoppeln in seinem Bart glänzten in der Sonne. Er öffnete die Augen.

»Hallo, Greta«, sagte er und richtete sich auf. Sie beugte sich zu ihm und küsste ihn. Er schmeckte herrlich nach Wiese und Bier.

»Wollte dich nicht wecken. Bist du schon lange da?«

»Ein Radler lang.« Mika stand auf und streckte sich.

»Ich hole noch welche.«

Er stakste in seinen Radschuhen klackend hinüber zum Kiosk. Sie ließ sich in den zweiten Liegestuhl fallen, rückte sich die Sonnenbrille zurecht und atmete aus. Sie mochte diesen Ort, das Improvisierte; es erinnerte sie an den Schrebergarten ihrer Eltern, an die Zeit, als sie ihn gerade neu bekommen hatten und außer einer alten Bretterbude, verwachsenen Johannisbeersträuchern und einem zugewucherten Weg praktisch nichts da gewesen war. Jede freie Minute hatte ihr Vater in den Ausbau investiert, nach Feierabend hatte er eine neue Bude gebaut, ihre

Mutter hatte Beete angelegt, einen Grill gemauert, und so war der Garten nach und nach zu ihrem zweiten Zuhause geworden, mit Wasseranschluss und Strom, ganze Sommer hatten sie dort verbracht.

Mika kam mit zwei Radlern zurück, setzte sich neben sie. Sie stießen an und tranken. Vogelsang schob sich die Sonnenbrille in die Haare.

»Siehst müde aus«, sagte er.

»Der Bereitschaftsdienst steckt mir in den Knochen.«

»Der tote Zollfahnder?«

Sie nickte.

»Und, irgendwas Neues?«

»Nur Gedankenspiele. Sieht alles nach einem Unfall aus.«

»Ist ja eigentlich auch gar nicht deine Zuständigkeit, oder?«

Sie sah ihn über den Rand ihrer Flasche hinweg an und kniff die Augen zusammen.

»Danke für die Richtigstellung, Herr Oberstaatsanwalt.«

Über ihnen ratterte ein Zug über die Gleise.

»Und bei dir?«, wechselte sie das Thema.

»Alles Idioten.« Er grinste.

Mika arbeitete halbtags in einem Fitnessstudio, gab Kurse und erzählte immer wieder Haarsträubendes, von Managertypen, die völlig überpowered aus den Latschen kippten und auch dann noch so taten, als müssten sie stark sein; von weinenden Mamas, die doch nur wieder so schön sein wollten wie vor der Geburt; von muskelstrotzenden Philosophiestudenten, mit denen er über Platons Höhlengleichnis diskutierte, von Aufschneidern, Schlappschwänzen und Einsamen, die nur kamen, um mal wieder eine andere Stimme als die eigene zu hören.

»Wir könnten am Wochenende mal wieder eine Tour machen«, sagte er. »Soll Gewitter geben.«

»Perfekte Voraussetzungen.« Vogelsang lehnte sich zurück

Mika schloss die Augen und döste für ein paar Minuten.

Sie sah einem Binnenschiff nach, dann scrollte sie gewohnheitsmäßig durch die Abendnews in der hessenschau-App. Radfahrer schwer verletzt. Zwei Ausreißer, acht und elf, in Regionalbahn aufgegriffen. Unbekannte männliche Leiche asiatischer Herkunft am Nachmittag von Arbeitern auf einem Abbruchgelände gefunden.

Sie schloss die App, sah in den Spalt Himmel zwischen den beiden Brücken. Eine einsame Flussmöwe zog dort ihre Kreise und verschwand dann. Sie spürte, wie Mika nach ihrer Hand tastete, spürte, wie seine Finger ihren Arm hinaufwanderten und ihren Nacken zu kraulen begannen.

»Wir sollten mal wieder Urlaub machen«, sagte sie.

»Ja, sollten wir.«

Sie fuhr ihm mit der Hand über die Wange.

»Willst du noch was trinken?«

»Noch ein Radler.«

Sie stand auf, ging hinüber zum Kiosk, stellte sich in die Schlange. Jetzt am Abend war das Orange Beach immer gut besucht und der Andrang entsprechend groß. Sie kramte gerade etwas Kleingeld aus ihrer Tasche, als neben ihr jemand stehen blieb.

»Greta!«

Sie sah auf.

»Robert?«

»Ein bisschen grauer, aber ja.«

Der Mann, der ihr gegenüberstand, trug ein verwaschenes Shirt mit der Aufschrift *Spread hummus not hate,* dunkle Radlershorts, die Haare hatte er sich zu einem Pferdeschwanz zusammengebunden.

»Ewig nicht gesehen«, sagte sie, »geht's dir gut?«

»Soll ich lügen oder ehrlich sein?«

»Besser lügen.«

Robert nickte.

»Und bei dir sicher auch alles blendend«, sagte er.

»Klar.«

»Wir müssen uns mal wieder unterhalten«, sagte er. »Du bist doch noch bei der Staatsanwaltschaft, oder?«

»Bin ich, ja. Und du? Immer noch auf der anderen Seite unterwegs?«

Robert lächelte, ein Lächeln, das ihr früher eine Zeit lang nicht mehr aus dem Kopf gegangen war.

»Alles völlig legal«, sagte er. »Ich arbeite als Journalist für ein Online-Magazin, wir recherchieren und bringen all das, was sich die Großen nicht trauen, Korruption, Machtmissbrauch, Nazinetzwerke, Umweltschweinereien, so was. Klassenkampf mit dem Laptop sozusagen. Hätte dir eine Menge zu erzählen.«

»Grundsätzlich gerne, aber nicht heute.« Sie zog ihre Karte aus der Geldbörse und reichte sie ihm. »Ruf mich an, wenn es was gibt.«

Robert drehte die Karte, nickte.

»Werde ich machen«, sagte er. »Hab noch einen schönen Abend.«

»Du auch.«

Er nickte noch einmal und verschwand hinter der Bude. Robert Altmann – ein charismatischer Ökolinker, der auch heute noch, nach nicht mal zwei Minuten, eine heftige Wirkung auf sie hatte; sie spürte ihr Herz schlagen, hatte ein flaues Gefühl im Magen. Mit ihm verband sie all die krassen Gefühle ihrer Studentenzeit: Liebe, Begehren, Angst, Hass; damals hatte sie sich geschworen, Robert auf Distanz zu halten, und auch jetzt merkte sie deutlich, dass sie nichts mehr mit ihm zu tun haben wollte. Sie kaufte zwei Radler, verzichtete aufs Rückgeld und ging zu Mika, reichte ihm eine Flasche.

»Alles in Ordnung? Du bist ganz bleich.«

»Äh, ja.« Vogelsang setzte sich wieder. »Hab gerade einen alten Bekannten getroffen.«

»Keine guten Erinnerungen?«

»Nein, keine guten. Ich war mit ihm damals in Genua.« Sie nahm einen kräftigen Schluck. »Ich will eigentlich gar nicht mehr drüber reden, hab damit abgeschlossen.«

Sie lehnte sich zurück. Doch so einfach war das nicht. Die Zeit damals, die Sache in Genua, das alles war gerade wieder erschreckend nah bei ihr. Die Schatten von früher. Ihre Treffen, die Vorbereitungen und die Fahrt nach Italien. Auch damals schon hatte Robert diesen Pferdeschwanz getragen, gewissermaßen sein Markenzeichen. Einer, der immer in Flammen gestanden hatte, unnachgiebig, rechthaberisch, dickköpfig. Es hatte eine Zeit gegeben, da hatte sie das alles geliebt.

Ein Frachtschiff schob sich an ihnen vorbei, die Wellen schlugen ans Ufer. Graue Vorzeit. Sie stieß mit Mika an und schloss die Augen.

5

Paul

Wieder setzte sich der kleine Vogel auf den Rand des Abfalleimers, hielt den Kopf schräg, hüpfte auf ihn zu. Paul blinzelte. Was glotzt der denn so, dachte er, scheißzutraulich die Viecher. Die kleinen tiefschwarzen Augen schienen zu zucken. Kann's nicht lassen, muss immer wieder zurückkommen, weil er glaubt, er kriegt was von mir. Paul streckte die Beine aus und machte ein schnalzendes Geräusch mit der Zunge. Was war das für ein Vogel? Der sah so bunt aus. Ein Zwergpapagei vielleicht?

Er grinste und fuhr sich übers Gesicht.

Letztens hatte er nachts eine Tierdoku über Kakapos gesehen, eine Papageienart, die Flügel hatte, aber nicht fliegen konnte. Merkwürdige Tiere. Als hätte sie die Evolution oder Gott oder wer auch immer übersehen, als wären sie nie richtig fertig geworden. Er merkte, dass seine Gedanken wild hin und her zu hüpfen begannen. Samy und er hatten zwei Tüten geraucht, vielleicht auch drei, dazu die Cola aus den riesigen, zur Hälfte mit Eis gefüllten Bechern geschlürft.

Der Vogel flatterte auf, ein anderer setzte sich. Da draußen musste es eine ganze Armee von denen geben, klein und blitzschnell. Er sah in den Himmel. Rotteten sie sich da oben etwa zusammen?

Ehrliche Arbeit, hatte er plötzlich Samys Stimme wieder im Ohr. Alles ehrliche Arbeit, Lebensmittel-Export, er sei schon in Paris gewesen und in der Schweiz. Nur fahren, einladen, ausladen, Musik hören, was essen und pennen, mehr nicht.

Paul zog sein Smartphone aus der Tasche und fuhr mit dem Daumen über die gesplitterte Stelle unten am Display. So eine Art Tick, seit ihm das Ding runtergefallen war. Obwohl es schon fast sieben war, war es noch immer ziemlich warm, eine klebrige Hitze, die einem die Energie aus dem Körper saugte. Er hatte einen trockenen Hals. Patricia würde bald nach Hause kommen. Eigentlich hatte er vorgehabt zu kochen, er wusste, dass sie nach ihrem Dienst immer einen Riesenhunger hatte und meist keine Lust, sich was zu machen. Deshalb kochte er dann, er hatte ja Zeit und Kochen entspannte ihn.

Er dachte wieder an Samy und seinen BMW-M3-Coupé.

Paul war überrascht gewesen, dass sich Samy bei ihm gemeldet und ihn gefragt hatte, ob er Bock auf eine kleine Tour habe. Wochenlang hatte er nichts von ihm gehört, Samy war mal wieder abgetaucht und dann plötzlich da, mit dieser Karre, mit diesem Grinsen im Gesicht und der Einladung einzusteigen, er würde für alles bezahlen. Sie hatten sich Burger und Pommes geholt, Cola in Anderthalbliterbechern und waren raus an die Loire gefahren. Dort hatten sie dann auf einem Parkplatz gehockt, gegessen, geraucht. Samy hatte ihm von seinem neuen Job erzählt, aus den Lautsprechern pumpte Fixpen Sill.

Paul stand auf, sah sich um. Die Bäume erschienen ihm plötzlich riesig, der Himmel war kaum noch zu sehen. Er ging ein paar Schritte. Auf der Lehne der Bank saßen jetzt drei, vier der kleinen Piepmätze und schienen auf irgendwas aus zu sein. Überhaupt nicht mehr süß und friedlich waren die, er wollte nicht warten, bis sie sich auf ihn stürzten, und ging los, entlang der Wiesen, auf denen die Leute auf Decken hockten, Zeug mampften, Kinder rannten schreiend herum, ein Frisbee segelte ins Gebüsch.

Dass er vor ein paar Tagen bei Carrefour rausgeflogen war, weil er zum wiederholten Male die Frühschicht verpennt hatte,

hatte er Samy nicht gesagt. Er fragte sich jetzt, ob das wirklich alles stimmte, was Samy ihm erzählt hatte, ehrliche Arbeit und so. Samy hatte ja nie Bock auf so was gehabt, auf einen Nullachtfünfzehn-Job, hatte sich immer über Pauls Arbeit im Supermarkt lustig gemacht, hatte gesagt, das sei doch alles scheiße, da komme doch nichts rum, so was würde er nie machen. Und jetzt kam er auf einmal an mit dieser Karre und laberte was von ehrlicher Arbeit.

Paul sah auf sein Smartphone. Patricia war auf dem Heimweg. Er schrieb ihr, er sei noch unterwegs und auch bald da, dann würde er was für sie kochen.

Er unterquerte den Boulevard des Anglais und folgte dem Weg entlang des kleinen Flusses, der Chézine. Radfahrer und Jogger überholten ihn. Er spürte ein leichtes Ziehen im Nacken, sein rechtes Augenlid zuckte ein paarmal, er wusste, dass er demnächst Kopfschmerzen kriegen würde.

Nur bisschen rumfahren. Während sie am Fluss hockten und aßen, hatte er Samy gefragt, ob es da nicht auch einen Job für ihn gäbe, ob Samy ihn dann nicht irgendwie reinbringen könnte. Samy hatte in seinen Burger gebissen und nur mit den Schultern gezuckt. Muss mal schauen, hatte er gesagt, die nehmen nicht jeden.

Er wusste, dass Patricia Samy nicht besonders leiden konnte. Sie hielt ihn für ein Großmaul, für einen, der nur Mist baue und nichts daraus lerne. Paul hatte ihn immer verteidigt. Sie kannten sich seit der Schule, hingen zusammen rum, hatten natürlich irgendwelchen Scheiß gemacht, gezockt, geraucht, sich geprügelt, Samy vielleicht ein paar Jahre länger als er. Irgendwann hatten sie ihn dann doch mal erwischt und zu Sozialstunden verdonnert, was ihn aber wenig gejuckt hatte. So richtig war Samy nie in was reingerutscht, und jetzt hatte er offenbar wirklich mal Glück gehabt, wenn alles stimmte, was er erzählte.

Aber warum stellte sich Samy dann so an? Wie ein kleines Kind, das sein Spielzeug nicht teilen wollte. Wenn alles so toll war, wie er sagte, dann musste Samy ihm doch auch mal helfen können. Patricia und er hatten was Besseres verdient, eine größere Wohnung mit schöner Küche, neue Möbel, ein neues Auto. Er wusste, dass er Patricia so liebte, wie er noch nie jemanden zuvor geliebt hatte. Er würde mit ihr bis an sein Lebensende zusammenbleiben. Wow, das hatte er noch nie so deutlich gefühlt! Ob das auch vom Gras kam? Andererseits fühlte er sich vollkommen klar. Er wollte sie, sonst keine. Sie würde die Mutter seiner Kinder werden. Und Kinder brauchten einen richtigen Vater, einen, der einen guten Job hatte und sich um alles kümmerte.

Er blieb stehen und sah über die Wiesen.

Diesmal würde er nicht lockerlassen. Er würde Samy mit dem Job einfach weiter auf die Nerven gehen, er würde ihm jeden Tag eine Nachricht schicken. Von allein, das war ihm klar, würde gar nichts passieren und er würde weiter nur im Park herumhocken und träumen.

Er ging weiter. Er liebte die Strecke entlang des Flusses. Man vergaß, dass man in einer Stadt war. Plötzlich waren da überall Bäume, es roch nach Erde und Feuchtigkeit wie in einem Urwald. Zwei Krähen hockten auf der Wiese und hackten hektisch auf irgendwas ein.

Manchmal, wenn er getrunken hatte oder high war, dann war er sich sicher, dass Patricia ihn für einen Versager hielt. Für einen, der einfach nichts gebacken bekam und nicht wie andere sein Leben in die Hand nahm, um daraus was zu machen. Er bemühte sich ja, er baute keine Scheiße wie so viele andere, er wollte sauber bleiben, ehrlich sein. Er wollte sich mit Patricia eine Zukunft aufbauen, nichts Großes, kein übertriebenes Blingbling, einfach das, was andere auch hatten und was ihm ebenso zustand. Aber irgendwie kam er nicht richtig vorwärts, stolperte nur wie ein Idiot.

Er grinste.

Er würde ihr beweisen, dass sie nicht auf den Falschen gesetzt hatte. Sie musste ja nichts von Samy wissen. Ihr würde er nur von dem neuen Job erzählen, bisschen rumfahren, einladen, ausladen, so würde er nicht mal lügen. Er fand, dass sich das nach einem guten Plan anhörte.

Paul blieb einen Augenblick vor der Tür stehen und starrte auf seine alten Sneakers. Musik war zu hören, jemand telefonierte laut. Kein Wort von Samy, er war nur etwas im Park spazieren gewesen, nachdenken, einen klaren Kopf bekommen, so was. Er schloss auf und ging hinein, zog sich die Schuhe aus, im Bad rauschte die Dusche. Er holte die Cola aus dem Kühlschrank und nahm einige Schlucke, sein Rachen brannte von der Kohlensäure. Er drehte das Wasser an der Spüle auf und ließ es sich eiskalt über die Hände laufen, drückte sich die Finger ins Gesicht, atmete.

Ja, sie hatten was Besseres verdient. Er ging ins Wohnzimmer, ließ sich aufs Sofa fallen. Endlich raus aus dieser Wohnung, raus aus dem Viertel, irgendwas Schönes am Fluss. Er würde Patricia einen Antrag machen und sie über die Schwelle tragen, er würde ihr jeden Tag einen Strauß duftender Rosen kaufen, würde ihr kleine Geschenke machen. Neue Schuhe, neues Smartphone.

Es käme auf die inneren Werte an, hatte einer seiner alten Lehrer immer gesagt und sich dann pathetisch die Hand auf die Brust gelegt, nicht auf Geld und Klamotten, aber auch der schlief sicher besser mit ein paar Zehntausend auf dem Konto. Innere Werte. Das war was für die, die eh schon alles hatten, die musste man sich leisten können. Erst das Fressen, dann alles andere.

Patricia kam aus dem Bad, ein Handtuch um den Kopf gewickelt. Er umarmte sie und küsste sie in den Nacken. Sie roch nach Shampoo und Müdigkeit.

»Alles klar?«, fragte er.

»Müde.«

Sie lächelte trotzdem.

»Und du?«

»War im Park.« Er knabberte an ihrem Ohr. Sie hatte die schönsten Ohren der Welt.

»Allein?«

»Nee, mit meinen beiden anderen Freundinnen.« Er sah sie an und grinste, und Patricia grinste auch.

»Warst du mit Samy unterwegs?«

Fuck. Woher wusste sie das?

»Wir waren Burger essen.«

»Und geraucht habt ihr auch was. Hast du mir wenigstens was mitgebracht?«

»War nur einer.«

Sie runzelte die Stirn, dann lachte sie los.

»Spaß«, sagte sie. »Der hat sich ja Ewigkeiten nicht bei dir gemeldet.«

»Hatte viel zu tun.«

Er ging in die Küche, holte einen Topf aus dem Schrank, stellte ihn scheppernd auf den Herd.

»Ich mach uns Spaghetti.«

Patricia blieb im Türrahmen stehen.

»Bist du jetzt beleidigt? Ich find's halt irgendwie komisch. Da ist er wochenlang weg und plötzlich ist er dann wieder da und gleich hängst du mit ihm rum.«

»Du kannst ihn halt nicht leiden, konntest du noch nie.«

»Ich kann nicht leiden, wie er dich behandelt.«

»Wie behandelt er mich denn?«

»Nicht gerade wie einen Freund.«

»Sondern?«

»Keine Ahnung, wie jemand, den man halt nur ab und zu mal braucht.«

Er hatte keine Lust, sich mit ihr zu streiten. Er holte eine Packung Spaghetti aus dem Schrank, riss sie auf und wechselte das Thema.

»Ich hab bald einen neuen Job«, sagte er, ohne sie anzusehen.

»Echt? Das ist ja super. Und was?«

»Logistik.«

»Für Carrefour?«

»Nein, so eine kleine Firma. Lebensmittel-Export. Stand in der Zeitung, hab ich gleich angerufen. Mal sehen.«

Patricia umarmte ihn von hinten und schob eine Hand in seinen Hosenbund, während er den Knoblauch klein schnitt. Er merkte, dass er einen Steifen bekam, versuchte aber, sich nichts anmerken zu lassen. Patricia ging ins Wohnzimmer und schaltete den Fernseher an.

Er ließ die Nudeln al dente werden und goss das Wasser ab. Dann warf er sie zusammen mit dem Knoblauch und etwas Butter zurück in den Topf. Patricia deckte den kleinen Tisch auf dem Balkon. Er brachte zwei Teller hinaus, holte Wein. Ab etwa vier lag ihr Balkon im Schatten und so war es einigermaßen erträglich. Sie stießen an und tranken.

»Danke fürs Essen«, sagte Patricia.

Eigentlich hatte er keinen Hunger, trotzdem aß er. Patricia erzählte von ihrer Frühschicht, von den Kranken und Kaputten, die sie jeden Morgen waschen musste; von einem Typen, dem das rechte Bein abgenommen worden war und der versucht hatte, sich aus einem der Fenster im ersten Stock zu stürzen, und den man dann in die Psychiatrie gebracht hatte; von einer Frau, die jedem, der zu ihr ans Bett kam, Schokolade zusteckte; vom Assistenzarzt, der ihr immer in den Ausschnitt glotzte.

»Wohnt wahrscheinlich noch bei Mama«, sagte Paul und stellte sich vor, dem Typen in die Fresse zu hauen.

Sie rauchten jeder eine Zigarette und tranken Wein. Patricia war müde und wollte gekrault werden. Ein schwüler Abend. Sie schauten fern, Patricia döste in seinem Arm und schwitzte dabei; später schliefen sie auf dem Boden vor der geöffneten Balkontür miteinander. Patricias Brüste schimmerten im letzten Tageslicht, und Paul dachte an die Kakapos, die flugunfähigen Papageien. Angeblich sollten sie außergewöhnlich gut duften, nach Honig und Blumen.

6

Immer wieder sah sie zu den Vorhängen, diesen hässlichen Vorhängen! Und dieser furchtbare Teppich. Als sei das hier nicht das Büro des leitenden Oberstaatsanwalts, sondern irgendein Wohnzimmer aus den 80ern. Vorhang und Teppich waren erst nach seiner Scheidung aufgetaucht, als hätte er sich hier eine zweite Wohnung eingerichtet, es sich gemütlich gemacht. Sie vermutete sogar, dass er ab und zu hier schlief, dass er irgendwo ein Klappbett hatte oder eine Luftmatratze, die er dann abends in die Mitte des Raumes vor den Schreibtisch legte, und die Socken beim Schlafen anbehielt.

Thomas Zöllner gähnte. Und sie musste eigentlich auch, unterdrückte es aber. Er war aufgestanden und ging neben dem Schreibtisch auf dem Teppich hin und her.

»Ich weiß, dass du Mathissen kanntest«, sagte er und blieb stehen. »Aber es ist nicht dein Fall.«

Vogelsang nickte.

Zöllner hatte sie am Morgen angerufen und gefragt, ob sie Zeit für ein Gespräch hätte. Jetzt saß sie seit etwa fünfzehn Minuten hier, er hatte Kaffee in seinem sündhaft teuren Kaffeeautomaten zubereitet, und sie hatten etwas Small Talk gemacht, bevor er zur Sache kam. Da wusste sie natürlich längst, warum er sie zu sich zitiert hatte.

»Ich habe gestern Abend noch mit Frau Brandt gesprochen, im Fall Mathissen. Sie sagte mir, ihr seid in Kontakt deswegen. Sie sagte auch, dass du glaubst, es könnte etwas anderes sein als ein Unfall.«

»Ich weiß nur, dass Mathissen mich dringend sprechen wollte. Und nein, ich glaube nicht, dass er einfach von selbst in den Main gesprungen ist.«

»Alles deutet auf einen tragischen Unfall hin. Herzinfarkt, so etwas.«

»Ja, ja, ich weiß.«

»Keine Alleingänge in diesem Fall, Greta. Und um das noch mal klar zu sagen: Frau Brandt führt hier die Ermittlungen, bei ihr laufen die Fäden zusammen. Wenn du etwas hast, dann sprich mit ihr.«

Vogelsang merkte, dass sie ihren Kiefer zusammendrückte. Sie ärgerte sich über Zöllner, obwohl er nur das tat, was er tun musste. Nein, eigentlich ärgerte sie sich über den Apparat, über die Lahmarschigkeit, das Gerangel, die Überlastungen. Sie war lang genug in dem Laden, um zu wissen, dass es genau darum ging, um Zuständigkeiten, wasserdichte Ermittlungsarbeit, den Dienstweg; aber das war auch der Grund, warum ihnen so viel durch die Lappen ging, weshalb sie oft das Gefühl hatte, zu spät zu kommen und nur noch reagieren zu können.

»Du wolltest es ja ruhiger haben.« Zöllner lehnte sich an den Schreibtisch, griff nach seiner Kaffeetasse. »Wenn du irgendwas hast, das uns weiterbringt, dann her damit. Was wollte Mathissen denn von dir?«

»Er vermutete ein Schmuggelnetzwerk hinter den Verhaftungen, gewerbsmäßiger Handel, unter anderem mit Pangolin-Schuppen. Er hatte aber keine Beweise, zumindest hat er mir keine vorgelegt.«

Zöllner ging zu seinem Stuhl zurück und setzte sich.

»Die Pangolin-Sache hat sich doch schon wieder erledigt.«

»Was meinst du?« Vogelsang richtete sich in ihrem Stuhl auf und trank einen Schluck Kaffee.

»Keinen Flurfunk an?«

»Alle Antennen eingezogen.« Vogelsang sah ihn an.

»Hat dir Abel nichts gesagt? Die beiden Verdächtigen mussten aus der U-Haft entlassen werden.«

»Was? Wann denn das?«

»Schon am Samstag.«

»Warum weiß ich das nicht?«

»Fehlende Antennen? Nein, jetzt mal im Ernst: Abel geht die Sache ziemlich nah, der ist im Moment verständlicherweise nicht gut drauf.«

Jetzt wurde Vogelsang auch klar, warum sich Abel seit ein paar Tagen so rargemacht hatte und gestern wohl am liebsten unter seinen Schreibtisch gekrochen wäre. Er hätte es ihr sofort sagen müssen, nicht, weil sie als seine Vorgesetzte darauf bestand, sondern weil er so die gesamte Arbeit des Teams untergrub. Irgendwie hatte sie schon länger ein komisches Gefühl bei Abel, irgendwas stimmte bei dem nicht, vielleicht Beziehungsprobleme, etwas mit dem Kind, er wirkte oft nicht ganz bei der Sache.

»Was ist da schiefgelaufen?«, fragte sie.

»Gute Anwälte. Die haben es als einmalige Sache dargestellt, tun so, als seien die beiden ahnungslose Touristen. Klar wissen wir, dass das Blödsinn ist, aber wir konnten ihnen nichts nachweisen. Auch besteht keine Fluchtgefahr. Da wird es nur eine Geldstrafe geben.«

Vogelsang atmete langsam aus.

»Sie sind am Samstag entlassen worden, Mathissen in der Nacht von Sonntag auf Montag zu Tode gekommen, würde passen«, überlegte Vogelsang laut. »Die Kartelle sind da ja nicht zimperlich, es geht um zu viel Geld. Wenn Mathissen weiterermittelt hat, ist er der Gruppe vielleicht zu nah gekommen.«

»Ziemlich steile These.« Zöllner sah sie ernst an, und Vogelsang zuckte nur mit den Schultern. »Ich habe deiner Beförderung auch zugestimmt, weil deine Hartnäckigkeit der Abteilung guttut, deine Sturheit und na ja, deine manchmal unkonventionelle Arbeitsweise.« Jetzt lächelte er schmal. »Aber es muss auch zu was führen.«

»Schon klar.«

»Sprich mal mit Abel, der scheint wirklich neben sich zu stehen.«

Vogelsang nickte. Beide standen auf.

»Danke für den Kaffee.«

Zöllner nahm ihre Tasse.

»Schön, dich mal wieder gesehen zu haben.«

Sie nickte noch einmal. Beide lächelten, müde, aber nicht ohne Hoffnung, dann ging sie.

Auf der Konstablerwache schob sie sich an einer Gruppe munter schwatzender Rentner vorbei und ging weiter, an den Ständen und Verkaufswagen des Erzeugermarkts vorüber. Jemand rief nach ihr und sie winkte einem ehemaligen Kollegen, dessen Namen sie vergessen hatte. Der Donnerstag war traditionell der Tag der Justiz auf dem Markt, die Dichte an Richterinnen und Staatsanwältinnen extrem hoch. Schon ab Mittag standen sie hier in kleinen Gruppen zusammen, abends wurde das Gedränge dann noch mal heftiger. Auf dem Markt bekam man Spezialitäten aus der Region, Wurst, Käse, Gemüse und natürlich Wein und Äppler.

Vogelsang entdeckte Abel. Er stand im Schatten unter dem roten Vordach der Landmetzgerei Kaufmann und löffelte Suppe. Sie zögerte kurz, dann stellte sie sich zu ihm.

»Mahlzeit«, sagte sie.

Abel sah auf und wischte sich die Krümel seines Brötchens aus den Mundwinkeln. Er sah abgekämpft aus, in seinem rechten Auge war ein Äderchen geplatzt.

»Ist das die Soljanka?«

»Gulasch.«

Sie holte sich einen Erbseneintopf und ein Mineralwasser.

»Wie geht es Hanna?«, fragte sie.

Abel hörte zu kauen auf. Seine zusammengezogenen Brauen entspannten sich etwas.

»Kannst du dich noch daran erinnern, wie es war, als du nicht lesen konntest?«

»Nein, glaube nicht.«

»Es muss verstörend und auch befreiend sein«, sagte Abel und blickte über die Köpfe der Marktbesucher in die Ferne. Dann sah er wieder Vogelsang an. »Sie lernt gerade die Buchstaben. Für sie sind das alles noch fremde Symbole, mit denen sie nichts verbindet. Hier, das Wort Landmetzgerei. Völlig abstrakt, nur Ornamente, die sie vielleicht ausmalen würde. Und jetzt, so ganz langsam, merkst du, wie da Bedeutung reinkommt, wie sie die Verbindungen herstellt und wie so ein Höhlenforscher die fremden Zeichen zu entschlüsseln beginnt.«

»Und in ein paar Jahren diskutiert sie dann mit dir über Eyeliner und vegane Eintöpfe.«

Abel lächelte und nickte.

»Und deine beiden?«

»Verpennen den ganzen Tag und machen nachts Party.«

»Teenager halt.«

Sie aßen schweigend einige Löffel.

»Warum hast du nichts gesagt?«

Sie sah Abel an. Er starrte in seine Suppe, wusste genau, was sie meinte.

»Die beiden Schmuggler sind ja schon seit Samstag wieder auf freiem Fuß. Warum muss ich so was von Zöllner erfahren?«

»Ich dachte, es ist nur vorübergehend.«

»Was ist nur vorübergehend?«

Abel sah sie an. Seine Wangen fleckten sich rötlich.

»Ich warte seit einer Woche auf eine Antwort von Interpol. Seit einer verdammten Woche. Es ist wie ein schwarzes Loch. Ich hatte gehofft, sie mit den neuen Informationen länger in der U-Haft halten zu können. Ich weiß, ich hätte mit dir darüber sprechen sollen.«

»Wir müssen solche wichtigen Infos teilen«, sagte Vogelsang, »ich muss euch da vertrauen können. Nicht nur Zöllner erwartet Ergebnisse von uns.«

Abel nickte. Vogelsang fiel es nicht leicht, den Boss raushängen zu lassen, gerade bei Abel, der schon genauso lange wie sie im Dienst war; sie war ja selbst auch nicht gerade eine vorbildliche Teamplayerin, aber ohne ging es eben auch nicht.

»Manchmal gewinnen wir, manchmal die«, sagte sie.

»Nein, nicht manchmal, ich habe in letzter Zeit das Gefühl, die gewinnen immer.« Abel sah sie an und wirkte plötzlich unfassbar müde. »Ich meine, warum machen wir das alles, schlagen uns die Tage und manchmal auch die Nächte um die Ohren, nur damit der Richter die Leute dann wieder laufen lässt? Da kann ich mich doch auch gemütlich in meinen Liegestuhl setzen und die einfach machen lassen.«

»Dann würde uns aber ein guter Staatsanwalt verloren gehen. Es braucht manchmal eben einen langen Atem, weißt du doch.«

Abel nickte, sein Gesicht hellte sich auf.

»Ich glaube, die probieren gerade neue Routen aus, abseits von Istanbul. Es gibt auch Fälle aus Paris und Rom. Ein oder zwei Koffer mit Hornschuppen, die Menge gerade so, dass es bei Geldstrafen bleibt.«

»Expansion?«

»Möglich, ja. Elfenbein und Rhinohörner scheinen im Abverkauf, zumindest deuten die riesigen Funde in der letzten Zeit darauf hin. Die erschließen neue Märkte, vor allem in Asien und Europa.«

Vogelsang schob die Schüssel von sich, nahm einen Schluck von ihrem Wasser.

»Dann wissen sie zumindest, dass wir nicht blind sind«, sagte sie.

»Wenigstens etwas, ja.«

Abel wischte sich mit der Serviette über den Mund und zog sein Portemonnaie aus der Gesäßtasche.

»Bist eingeladen«, sagte er.

Dann trennten sich ihre Wege. Abel wollte noch Gemüse und Obst einkaufen, Vogelsang zurück ins Büro. Sie sah dem hochgeschossenen, schlaksigen Mann nach, bis er in der Menge verschwunden war.

»Greta! Greta!«

Brandts Stimme klang hell, fast kreischend. Vogelsang wollte weitergehen, die Sache mit den freigelassenen Schmugglern hatte ihr zugesetzt, aber dann blieb sie doch stehen und wandte sich um. Brandt stand umgeben von anderen Kollegen an einem Tisch unter einem Sonnenschirm. Es gab Weißwein und Wasser. Brandts Wangen waren gerötet, sie genoss die Aufmerksamkeit der anderen. Da waren Lukic, Mölders und Wassermann-Schlotz, die Kragen aufgeknöpft, schwitzend, aber gut gelaunt, die Kollegen aus der alten Abteilung Kapitalverbrechen. Sie prosteten Vogelsang zu. Immer noch derselbe wie damals, dachte Vogelsang, als sie Wassermann-Schlotz an den Tisch gelehnt stehen sah, steht da wichtig rum wie früher in der Mensa, Brust raus, Rücken gerade. Schon während des Studiums hatte sie dieses Theater gehasst, und sie hasste es immer noch. Was zur Hölle musste er denn beweisen? Sie würde es ignorieren, wie sie es immer schon ignoriert hatte.

»Gibt's was zu feiern?«, fragte Vogelsang. Normalerweise gab es Wein erst nach Feierabend, es sei denn, einer aus der Abteilung hatte einen Fall erfolgreich abgeschlossen.

»Man soll die Feste feiern, wie sie fallen«, altklugte Mölders.

»Wassermann-Schlotz ist doch befördert worden.« Lukic legte ihm einen Arm auf die Schulter.

»Stimmt, Glückwunsch noch mal.« Als Vogelsang davon erfahren hatte, war sie kurz zusammengezuckt; gerade Wassermann-Schlotz, der Letzte, dem sie die Beförderung gönnte. Ja, seine Ermittlungen waren über die Jahre immer ziemlich erfolgreich gewesen, sodass sein Aufstieg eigentlich nur folgerichtig war, und trotzdem zählte bei diesen Dingen nicht nur der Ermittlungserfolg, man brauchte dazu auch Freundschaften, Dampfbäder und Golfplätze.

Vogelsang lehnte das Weinglas ab, das Mölders ihr reichen wollte.

Brandt beugte sich zu ihr.

»Traust du mir nicht?«, sagte sie leise, und ihr Atem roch nach Kaugummi und Weißwein.

Vogelsang sah sie an.

»Glaubst du, mir geht die Sache mit Mathissen nicht nah? Aber ich kann auch nicht hexen.«

»Erwartet niemand.« Vogelsang machte sich gerade.

»Warum lässt du mich dann nicht meine Arbeit machen?«

»Warum redest du gleich mit Zöllner? Dachte, wir kriegen das ohne den Chef hin.«

Brandt nahm einen Schluck Wein. Lächelte sie?

»Laut Pathologie war Mathissen kerngesund«, sagte Brandt und ihr Ton senkte sich etwas, wurde professionell. »Zumindest nichts Chronisches.«

»Heute schon einen Frosch gerettet?«, unterbrach sie Wassermann-Schlotz und beugte sich zu Vogelsang.

Sie merkte, wie sich alles in ihr zusammenzog. Ein kurzes Innehalten, bevor der Vulkan explodierte.

»Zwei Eidechsen«, sagte sie.

Die Abteilung für Kapitalverbrechen hielt sich noch immer für den Nabel der Welt, für die, die die echten Fälle bearbeiteten, die wirklich was ausrichten konnten, Leben schützten und so weiter. Dass sie aber genauso selbstgefällig in ihren ergonomischen Bürostühlen hockten und sich mittags auf dem Erzeugermarkt den Weißwein reinstellten, machte sie so gewöhnlich wie alle anderen. Sie kannte Mölders, Wassermann-Schlotz und Lukic, hatte lange genug mit ihren Sprüchen gelebt und gelernt, sie zu ignorieren. Aber jetzt, hier, am Marktstand bei Weißwein und Brot, konnte sie ihre Selbstzufriedenheit nur schwer ertragen.

Gelächter um sie. Brandt strich sich eine Strähne aus dem Gesicht.

»Es war ein Unfall«, sagte sie, »tragisch, aber ein Unfall. Es steckt nicht hinter jedem Tod die große Verschwörung.«

»Ist deine Ermittlung.« Vogelsang trat einen Schritt zurück, in die Sonne.

»Uwe hat sich nach dir erkundigt«, rief Mölders über den Tisch eine Spur zu laut. »Scheint dich zu vermissen.«

»Ja, tut er«, sagte Vogelsang mit einem Lächeln, sie merkte, wie sich der Vulkan beruhigte, nur noch etwas zischte. »Mit so einer Gurkentruppe wie euch macht das halt alles auch nur noch halb so viel Spaß, sagt er. Macht's gut.«

Damit drehte sie sich um, ging, ohne ein weiteres Wort zu sagen, in Richtung Büro und spürte die Blicke in ihrem Rücken, erstaunt, irritiert, verärgert.

Die Sonnenblumen waren weiter aufgeschossen und die ersten begannen sich zu öffnen. Vogelsang ging an den Beeten entlang, blieb im Schatten des Apfelbaums stehen. Sie genoss die Stille des Gartens, die Ruhe zwischen den Sträuchern und Bäumen. Es erinnerte sie an ihre Kindheit, an die heißen Nachmittage, in denen ihr Vater den Wasserschlauch an den Sprinkler angeschlossen hatte und sie kreischend durch die sprühenden Regenbögen gerannt war; es erinnerte sie an Grillabende, an gefangene Frösche, an Wasserläufer und schmelzendes Eis; und an die Scham, die sie nach den Sommerferien empfunden hatte, wenn alle in der Klasse reihum von Reisen nach Spanien und der Türkei berichteten und sie nur kurz sagte, es sei schön gewesen.

Sie kaute auf ihrer Unterlippe und biss ein Stück Haut ab, merkte, dass es zu bluten begann. Sie ging ein paar Schritte weiter. Die Johannisbeeren begannen rot zu werden. In ihrem Kopf stauten sich die Gedanken, ballten sich zu einem Knäuel, und die Schwüle machte es nicht besser.

Sie spürte einen Luftzug. Mika stand hinter ihr.

»Alles okay?«, fragte er.

»Bisschen Kopfschmerzen.«

Vogelsang ließ sich von Mika umarmen.

»Immer noch Mathissen?«

»Immer noch.« Sie nickte. »Alle denken, dass es ein Unfall war.«

»Aber du glaubst das nicht?«

»Keine Ahnung.« Sie löste sich aus der Umarmung, stemmte die Arme in die Seiten. »Nein, glaube ich nicht. Der fällt nicht einfach so in den Main und ertrinkt, das ist mir zu einfach.«

»Ich wollte dir eigentlich nur sagen, dass es Essen gibt und dein Rosé schön kühl ist«, sagte Mika.

»Genau dafür liebe ich dich.« Sie nahm seine Hand, küsste sie, dann gingen sie rüber zur Hütte.

Die Königin saß am Kopf des Tisches und dirigierte. Es gab Salat, Steaks, Weißbrot. Sie hatte gute Laune, erzählte von ihrem Tag, den sie im Schatten des Schirms verbracht hatte, mit Klatsch und Tratsch, so Krams eben, Clark habe die ganze Zeit geraucht und sie habe ihm gesagt, er ruiniere sich damit seine Gesundheit, worauf er aufgestanden und gegangen sei, diese beleidigte

Leberwurst. Dann schwieg sie und stocherte in ihrem Salat, und Vogelsang sagte zu ihr, Mama, jetzt iss mal was.

Später folgte sie der Königin zu den Beeten, und sie sprachen über die Pflanzen, wie schön sie waren, wie anmutig sie ihre Köpfe hoben. Vogelsang betrachtete dabei ihre Mutter von der Seite, ihre hellen, wachen Augen, die schmalen Lippen. Ihre Mutter umarmte sie. Das kam nicht mehr allzu oft vor, und Vogelsang genoss die plötzliche Nähe, den vertrauten Duft.

»Du solltest dir mal die Haare schneiden und die Fingernägel machen lassen«, sagte sie und sah Vogelsang an.

Vogelsang nickte nur und nahm die Königin an der Hand.

Als die Dämmerung einsetzte, schaltete ihr Vater die Lichterkette ein. Grillen zirpten. Die Königin war in ihrem Stuhl eingeschlafen, ihr Kopf ruhte auf ihrer Schulter.

»Ist so schön ruhig hier«, sagte Vogelsang.

»Ich habe Mama gesagt, dass sie wahrscheinlich bald ausziehen wird«, sagte ihr Vater.

»Was hast du?« Vogelsang verschluckte sich an ihrem Wein und hustete.

»Sie wird ausziehen.«

»Das hast du ihr einfach so gesagt?«

»Soll ich Zeichensprache machen?«

»Nein, aber … da kriegt sie doch jetzt Panik. Und außerdem haben wir noch gar keinen Platz.«

»Ich habe schon telefoniert. Nächste Woche können wir das Zimmer anschauen.«

»Und wo?«

»In Hanau.«

Vogelsang rieb sich die Stirn.

»Ist das nicht alles etwas schnell?«

»Du hast doch gesagt, dass wir was tun müssen.«

»Ja, das habe ich. Aber so …«

Mika legte ihr seine warme Hand in den Nacken, und sie schwiegen. Irgendwo in einem Tümpel begannen Frösche zu quaken, ein anschwellender, beinahe betörender Gesang, und die Königin fuhr lachend aus dem Schlaf und wollte Karten spielen, jetzt auf der Stelle.

Vogelsang bremste und stieg vom Rad. Ihr Smartphone in der Tasche hörte nicht zu vibrieren auf. Auch Mika hielt, rollte zu ihr. Es war spät und sie waren auf dem Heimweg. Das Display leuchtete in der Dunkelheit.

»Du hast doch gar keine Bereitschaft«, sagte Mika, als sie abnahm.

Sie schüttelte den Kopf. Unbekannte Nummer.

»Greta Vogelsang.«

»Entschuldigen Sie die späte Störung, hier ist Franziska Mathissen.« Die Stimme war dünn, stockte. »Die … die Tochter von Lars Mathissen.«

»Hallo«, sagte Vogelsang, verwundert über den Anruf. Damit hatte sie nun gar nicht gerechnet.

»Mein Vater wird am Freitag beerdigt. Es wäre schön, wenn Sie kommen könnten.«

Es knackte in der Leitung.

»Äh ja, also, wo findet denn die Beerdigung statt?« Vogelsang spürte plötzlich eine seltsame Beklemmung in der Brust. Sie hatte über die vereinzelten dienstlichen Kontakte hinaus keine Beziehung zu Mathissen gehabt, hatte bis zu seinem Tod nicht mal seinen Vornamen gekannt. Und jetzt bat sie seine Tochter, zur Beerdigung zu kommen? Woher hatte sie überhaupt ihre Nummer?

»Auf dem Südfriedhof, um elf Uhr«, sagte Franziska.

»Ich werde versuchen, da zu sein.« Vogelsang suchte nach einem diplomatischen Ausweg.

Franziska schluckte, vielleicht weinte sie. Vogelsang hatte einen Kloß im Hals.

»Das wäre schön«, sagte Franziska, dann legte sie auf.

Vogelsang starrte das Display an.

»Alles okay?«

Sie sah auf, nickte.

»Mathissen wird beerdigt.«

Damit wurde auch die Wahrscheinlichkeit immer geringer, dass es weitere Ermittlungen geben würde. Die Leiche war freigegeben worden, die gerichtsmedizinischen Untersuchungen abgeschlossen. Man hatte sich also darauf geeinigt, dass Mathissen an einem Herzinfarkt oder etwas Ähnlichem gestorben war, Blutgerinnsel, Embolie. Vielleicht hatte sie ja wirklich übertrieben. Vielleicht war sie es, der die Hitze zu Kopf gestiegen war. Alles ging seinen normalen Gang, die Akte würde geschlossen werden, Ende.

Aber dann war da dieser bescheuerte Himbeerkern irgendwo hinten zwischen ihren Zähnen; sie kam mit der Zunge nicht ran, sie kriegte das Ding einfach nicht weg. Da war ihr schlechtes Gewissen, dass sie Mathissens Mails nicht ernst genommen hatte; und da war diese Ahnung, dass er irgendeiner Sache auf der Spur gewesen war, die ihn schlussendlich das Leben gekostet hatte.

7

Außer Atem stand Vogelsang vor dem roten Backsteintor und sah an der Mauer hoch. Sie hatte noch etwa fünf Minuten. Sie schloss ihr Rad an, nahm einen Schluck aus ihrer Flasche und fuhr sich durch die Haare. Sie hatte den Weg vom Sachsenhäusener Ufer herauf zum Südfriedhof unterschätzt, hatte sich nicht mehr an die Steigung erinnern können und wartete jetzt noch einige Augenblicke, bis sich ihr Atem beruhigte. Die beiden Hochhäuser auf der gegenüberliegenden Straßenseite kamen ihr neu vor, obwohl sie es dem Aussehen nach nicht waren, und sie realisierte, dass sie schon seit Ewigkeiten nicht mehr hier gewesen war. Sie wusste nur noch, dass es bis zum Goetheturm nicht mehr weit war.

Die Trauerhalle war ein imposantes Barockgebäude mit Kuppeldach, davor zwei riesige Pappeln. Etwas unschlüssig ging Vogelsang auf einen der Bäume zu, als sich aus einer kleinen Gruppe eine junge Frau löste und auf sie zukam.

»Hallo, Frau Vogelsang, ich bin Franziska Mathissen.«

Sie reichten sich die Hände.

»Schön, dass Sie kommen konnten.«

»Wollen wir du sagen? Ich bin Greta.«

»Ja, gern. Franziska.«

Franziska lächelte, sie wirkte etwas blass.

»Noch mal mein Beileid«, sagte Vogelsang.

Franziska nickte.

»Wir sind nur eine kleine Runde«, sagte sie. »Papa hätte das so gewollt, kein großer Auflauf, das war nicht seine Sache. Zwei aus seinem Angelclub und ein paar Kollegen. Es gibt auch einen Bruder, aber die beiden haben schon seit Jahren keinen Kontakt mehr. Wir wissen nicht, ob er überhaupt noch lebt.«

In der Trauerhalle war es kühl, das Licht gedämpft. Die Urne stand auf einem Sockel. Vogelsang setzte sich hinter Franziska in die zweite Reihe, sah sich um. Noch etwas weiter hinten saßen ein paar uniformierte Zollbeamte mit ernsten Gesichtern, keinen davon hatte sie schon einmal gesehen.

Die Pastorin begann zu sprechen. Ihre Stimme hallte durch den Raum. Sie sprach von Mathissen als einem besonderen Menschen, aufrichtig, einer, der immer an der Wahrheit interessiert gewesen sei, an der Gerechtigkeit und dabei keinen Unterschied zwischen Beruf und Privatleben gemacht habe. Das Leben habe ihn schwer geprüft, der Tod seiner Frau sei wie ein dunkler Abgrund gewesen, vor dem er gestanden habe, aber er sei nicht hineingefallen. Dann standen alle auf, und die Pastorin sprach ein Gebet. Vogelsang murmelte leise mit.

Ein Friedhofsmitarbeiter mit weißen Handschuhen nahm die Urne, und die kleine Gruppe folgte ihm hinaus. Schweigend gingen sie entlang der schattigen Grabreihen zu einer Rasenfläche, auf der sich kleine Urnengräber befanden. Etwas Erde war aufgeworfen. Man stellte sich um das Loch, die Urne wurde versenkt. Schweigen. Wind in den Bäumen, Vogelgezwitscher. Die Pastorin gab Franziska die Hand, sie standen abseits und sprachen leise miteinander.

Vogelsang ging langsam Richtung Trauerhalle zurück, als sie plötzlich dicht hinter sich jemanden spürte. Sie drehte sich um. Vor ihr stand eine Zollbeamtin. Sie trug die graublaue Dienstkleidung, hatte sich die Haare zu einem Pferdeschwanz gebunden. Ihr Gesicht war gebräunt, die Augenbrauen kräftig nachgezogen.

»Sie sind von der Staatsanwaltschaft, oder?«

»Ja, Greta Vogelsang.«

»Ich bin Tina Köster, Mathissens Vorgesetzte.«

Sie gaben sich die Hand.

»Ich erinnere mich«, sagte Vogelsang. »Wir haben schon telefoniert, oder?«

»Ja, ein paarmal.« Tina Köster nahm die Dienstmütze ab. »Es ist für uns alle immer noch schwer zu begreifen, dass Lars, ich meine, dass Mathissen jetzt ...« Sie stockte, suchte nach Worten. »Dass er jetzt nicht mehr da ist.«

»Ja, das glaube ich.«

»Er soll beim Angeln ertrunken sein.«

»Die Kollegin geht im Moment von einem Unfall aus.«

Köster presste die Lippen aufeinander. Sie gingen ein paar Schritte unter dem schattigen Blätterdach der mächtigen Bäume.

»Wie kann man denn beim Angeln ertrinken? Mathissen war nicht krank, soweit ich weiß, er war eigentlich nie krank. Nur die Sache mit seiner Frau hat ihm ziemlich zugesetzt.«

»Was ist mit ihr passiert?«

Vogelsang war bei den Worten der Pastorin schon hellhörig geworden, als diese von Mathissens verstorbener Frau sprach, und sie hatte sich vorgenommen, Franziska in einem günstigen Moment darauf anzusprechen.

»Sie hatte Krebs, aber er hat nie drüber gesprochen. Nach zwei Wochen Sonderurlaub war er wieder da. Er hat sich dann noch mehr in die Arbeit vergraben.«

Vogelsang nickte, und sie schwiegen einige Augenblicke.

»Wissen Sie, an was er so verbissen gearbeitet hat?«, fragte Vogelsang.

»Mathissen war, ehrlich gesagt, nicht besonders mitteilsam, aber er war wohl an einer größeren Sache dran, ein international agierender Schmugglerring für Schuppentiere oder Schildkröten oder so was. Konkreter ist er da nie geworden. Offiziell gibt es außer ein paar Vermerken nichts dazu, aber ich glaube, dass er mehr zusammengetragen hat.«

»Ja, er hat mir mehrere Mails geschrieben und darin Beweise angekündigt.«

»Ich habe ihm immer wieder gesagt, dass er seine Ermittlungen mit uns teilen soll. Normalerweise wenden wir uns bei so dünner Beweislage noch nicht an die Staatsanwaltschaft und ermitteln erst mal intern. Ich weiß ehrlich gesagt nicht, ob da etwas dran ist, aber jetzt … ich hätte ihm vielleicht doch mehr zuhören sollen. Wer weiß, in was für eine Sache er da reingeraten ist.«

Sie traten auf den Platz vor der Trauerhalle. Jetzt, im gleißenden Licht, entdeckte Vogelsang das kleine Tattoo hinter ihrem Ohr. Ein Tier, vielleicht ein Hund.

»Ich bin noch nicht lange in Frankfurt. Davor war ich einige Zeit beim Gemeinsamen Zentrum in Kehl. Ich werde jetzt noch mal mit den französischen Kollegen Kontakt aufnehmen. Mit denen hat Mathissen wohl auch gesprochen.«

Nachdem seit 1985 im Schengener Abkommen die Grenzkontrollen zurückgefahren worden waren, hatte man zur besseren Bekämpfung grenzübergreifender Kriminalität die Gemeinsamen Zentren gegründet, in Kehl, Świecko bei Frankfurt/Oder, Passau, Luxemburg-Stadt, Padborg und Schwandorf, in denen Informationen aus den angrenzenden Ländern zusammenliefen. Vogelsang hatte in den letzten Jahren schon einige Male mit ihnen Kontakt gehabt.

»Halten Sie mich auf dem Laufenden, falls es Neuigkeiten gibt«, sagte Vogelsang.

»Ich melde mich«, sagte Köster und die beiden verabschiedeten sich voneinander.

Der Wind wurde stärker, ein Rauschen wie an der See. Vogelsang sah nach oben. Dass Mathissens Frau gestorben war, ließ die Sache noch einmal in einem anderen Licht erscheinen. Vielleicht war Mathissen gar nicht so stark gewesen, wie alle gedacht hatten? Vielleicht war die Fixierung auf die Arbeit seine einzige Möglichkeit gewesen, mit dem Tod seiner Frau umzugehen.

Franziska trat neben sie.

»Wollen wir noch einen Kaffee trinken?«, fragte sie.

Vogelsang wunderte sich kurz über die Frage, aber allmählich kam ihr der Verdacht, dass es Franziska noch um etwas ganz anderes ging als nur um ihre Gegenwart und ums gemeinsame Kaffeetrinken. Und plötzlich war Vogelsang neugierig.

»Gern«, sagte sie.

Sie trafen sich am Schweizer Platz im Café Fellini wieder. Vogelsang war vor Franziska da, bestellte schon Wasser und betrachtete die Leute.

Sie war nicht niedergeschlagen, vielleicht etwas melancholisch und gleichzeitig wütend über die Tatsache, dass Mathissen nicht mehr da war; der Trotz ihrer Jugend schimmerte durch, der sich gegen das scheinbar Unveränderbare stemmte, gegen graue Betonmauern, schweigendes Herumgehocke. Sie war froh, als Franziska sich zu ihr setzte und sie Kaffee und Kuchen bestellten.

»Jetzt bin ich also Vollwaise«, sagte Franziska und schob sich ein Stück Linzer Torte in den Mund. »Ist ein komisches Gefühl zu wissen, dass da niemand mehr ist. Ich denke jetzt, dass ich ihn öfter hätte anrufen sollen. Ich glaube, er hat mehr mit seinen Angelkumpels gesprochen als mit mir.«

»Ist das nicht normal?« Vogelsang spießte eine Himbeere auf. »Kinder werden zu Eltern und Eltern zu Greisen.«

»Ja, wahrscheinlich schon. Hattest du denn viel mit meinem Vater zu tun?«

»Nein, eigentlich nicht, nicht in letzter Zeit.« Vogelsang zögerte einen Moment. Sie konnte Franziska nichts von den Mails erzählen, von Mathissens vergeblichen Versuchen, sie zu einer intensiveren Ermittlung zu überreden. Aber so zu tun, als sei alles normal, fiel ihr ebenfalls schwer. »Er hat wohl in einigen Fällen intensiver ermittelt.«

Sie schwiegen einen Moment, kauten, dachten nach. Dann sagte Franziska plötzlich: »Glaubst du das eigentlich wirklich? Ein Unfall beim Angeln?«

Vogelsang trank einen Schluck Kaffee und presste die Lippen zusammen. Franziska schien der offiziellen Geschichte also auch nicht zu trauen.

»Hm.« Eine Spur zu heftig hackte Vogelsang ein Stück von ihrem Kuchen ab und zermatschte dabei die Himbeeren. »Es gibt im Moment keine anderen Anhaltspunkte, zumindest nicht offiziell«, sagte sie.

»Und wenn es etwas gäbe? Würden die Ermittlungen dann wiederaufgenommen werden?«

»Das könnte schon sein. Wenn man etwas findet, was darauf hindeutet, dass es kein natürlicher Tod war.«

»Und was könnte das sein?«, bohrte Franziska weiter.

Vogelsang zögerte. Sie hatte nichts in der Hand und wollte Franziska keine falschen Hoffnungen machen. Aber sie ahnte ja selbst, dass da etwas nicht stimmte.

»Zum Beispiel ein Hinweis darauf, dass dein Vater auf eigene Faust ermittelt hat. Und dass er dabei jemandem auf die Füße getreten ist.«

Franziska richtete sich auf.

»Ich weiß, dass er Aufzeichnungen gemacht hat, er hatte zu Hause immer Ordner, Notizbücher. Vielleicht ist da etwas dabei.«

»Einen Versuch wäre es wert«, sagte Vogelsang, obwohl ihr klar war, dass das nur Ärger geben würde, offizieller Dienstweg, Zuständigkeiten, bla bla. Brandt würde sich ganz bestimmt auf die Füße getreten fühlen, und auch Zöllner wäre sicher nicht begeistert. Sie wusste ja nicht mal genau, was sie zu finden hoffte. Andererseits: Mit Dienstweg und Abwarten kam man hier nicht weiter, dann würde es eben Ärger geben.

»Dann los«, drängte Franziska und zog ihr Portemonnaie aus der Tasche.

Lars Mathissen hatte im dritten Stock eines Altbaus in Sachsenhausen gewohnt, eine geräumige Wohnung mit hohen Stuckdecken. Alles sauber und aufgeräumt. Franziska ging vor ins Wohnzimmer, in dem eine Schlafcouch ausgezogen war, eine zerwühlte Bettdecke darauf. In der Küche standen noch Gläser in der Spüle. Die Tür zum Schlafzimmer war abgeschlossen.

»Seit Mamas Tod hat er dadrin nicht mehr geschlafen«, sagte Franziska, »nur noch auf der Couch.«

Sie stand in der Küche an die Spüle gelehnt und schien leicht zu zittern. Vogelsang kam sich vor wie eine Einbrecherin, wie jemand, der ungefragt in das Privateste eines Menschen hineingeplatzt war und jetzt nur dastand und glotzte. Ging sie hier einen Schritt zu weit?

»Tut mir leid. Das ist alles wahrscheinlich gerade ziemlich viel für dich.«

»Alles okay.« Franziska blickte zu Boden. »Es ist gut, dass du hier bist. Mama war sehr krank und ich bin froh, dass sie erlöst wurde und jetzt hoffentlich an einem guten Ort ist, zusammen mit Papa.«

»Das sind sie bestimmt.«

Franziska stieß sich von der Spüle ab.

»Dann lass uns mal schauen.«

Vogelsang folgte ihr ins Wohnzimmer. Es war schlicht eingerichtet, ein Bücherregal, ein paar Mitbringsel aus dem Urlaub, in einer Ecke standen Angeln. Auf dem Tisch lagen zusammengefaltete Tageszeitungen, an der Wand hingen Urkunden und das Wappen eines Angelvereins. Franziska brachte zwei Gläser zurück in die Küche, während Vogelsang sich den Schreibtisch genauer ansah. Sie klappte eine schwarze Mappe auf und fand darin einige Ausdrucke aus Onlineportalen; sie überflog die Überschriften: *Schmuggel mit Hornschuppen erreicht neuen Höhepunkt. Spektakulärer Fund am Flughafen. Sind Pangolinschuppen das neue Elfenbein?* Daneben handschriftliche Notizen von Mathissen, Namen von Firmen, zwei Fotos von Lieferwagen mit französischen Kennzeichen, Bilder von der Website des Zolls: geöffnete Koffer mit Styroporeinsätzen, wassergefüllte Tüten mit etwas, das wie Würmer aussah, Larven vielleicht. Einige kopierte Berichte des Zolls. Dann ein ausgedruckter Kartenausschnitt: der Main, Frankfurt-West, Kelsterbach. Ein Gebäude war mit einem Marker umkringelt worden, die Adresse stand daneben. Und an den Rand hatte Mathissen einen Namen geschrieben: *Luan Zhenyun.* Sie kannte diesen Namen. War das nicht einer der Schmuggler, die Mathissen verhaftet hatte?

Sie spürte ein nervöses Kribbeln im Bauch. Wie Köster vermutete, hatte Mathissen eigene Ermittlungen angestellt, hatte Material zusammengetragen, weil es sonst keiner tat. War es das gewesen, was Mathissen ihr hatte zeigen wollen? Hatte er deswegen um ein Treffen gebeten?

Sie atmete aus und fuhr sich mit beiden Händen übers Gesicht. In ihrem Kopf schlugen die Gedanken Purzelbäume. Das hier war gute Polizeiarbeit, alles sauber abgeheftet, mit Datum beschriftet.

»Scheiße, was ist denn das?«, hörte sie Franziska plötzlich aus der Küche rufen.

Vogelsang sah auf.

»Alles okay?«

»Das musst du dir ansehen.«

Die beiden standen vor der geöffneten Kühlschranktür und

blickten in die stumpfen Augen eines abgetrennten Fischkopfs, der vor ihnen auf einem kleinen Teller lag, eingepackt in eine Plastiktüte mit Zip-Verschluss. Franziska verzog den Mund.

»Das hat Papa nie gemacht.«

»Was hat er nie gemacht?«

»Wenn er was gefangen hat, dann hat er das entweder wieder zurückgeworfen oder ausgenommen und eingefroren. Was ist das für ein Fisch?«

»Keine Ahnung, könnte ein Aal sein.«

»Glaubst du, das hat was zu bedeuten?«

»Ich weiß es nicht.«

Durchaus möglich, dass es sich bei dem Fischkopf um eine Art Warnung handelte; möglich aber auch, dass es nichts weiter war als ein Fischkopf, den Mathissen aus welchen Gründen auch immer aufbewahrt hatte. Viel anzufangen war mit dem Ding ohnehin nicht mehr.

»Ich würde gern die Aufzeichnungen von deinem Vater mitnehmen«, sagte Vogelsang.

Franziska nickte. »Kannst du alles haben. Und was machen wir mit dem Kopf?«

»Ich nehme den Fund als Vermerk mit in die Akte auf. Den Kopf kannst du entsorgen.«

Eine Weile standen sie noch auf dem kleinen Balkon und blickten in den Hof hinunter. Eine riesige Kastanie hielt die Sonne zurück, in den Bäumen lärmten Vögel.

»Sie sollte eigentlich wegkommen«, sagte Franziska, »weil sie angeblich zu viel Schatten wirft. Aber dann gab es Widerstand aus dem Haus und jetzt steht sie immer noch. Ich frage mich, woher das kommt, diese Zerstörungswut, dieser Hass auf die Natur. Weil sie uns im Weg ist? Weil wir alt werden und sterben?«

»Vielleicht.« Vogelsang sah in die Baumkrone hinauf. »Vielleicht wollen wir nicht daran erinnert werden, dass uns Dinge überleben werden, Dinge wie dieser Baum.«

Franziska hatte sich eine Zigarette angezündet, entschuldigte sich, eigentlich würde sie ja nicht mehr rauchen, aber gerade beruhige sie das etwas.

»Was wirst du jetzt tun?«, fragte Vogelsang.

»Ich glaube, ich ziehe hier ein«, sagte Franziska. »Die Wohnung gehörte meinen Eltern. Ich glaube, dass mein Vater hier glücklich war, trotz allem. Er wollte sich ja nie helfen lassen, von niemandem. Aber ich glaube, es ging ihm ganz gut. Das Angeln hat ihm geholfen.«

Sie verließen die Wohnung, traten auf den Gehweg. Aus den Augenwinkeln erkannte Vogelsang einen Mann auf der anderen Straßenseite, dunkle Sonnenbrille, rauchend, der dort zu warten schien. Er sah kurz zu ihnen, schnippte dann seine Kippe auf die Straße und ging davon.

Franziska fasste Vogelsang am Arm, sie umarmten sich kurz. Danke, murmelte Franziska leise.

»Ich melde mich, wenn ich etwas herausgefunden habe«, sagte Vogelsang, und Franziska nickte.

Dann ging sie. Vogelsang stand noch einige Augenblicke vor dem Haus, sah an der Fassade hinauf. Jetzt hatte sie keine Ausreden mehr.

Mika gähnte, stand auf und streckte sich.

»Ich geh jetzt ins Bett«, sagte er, sie sah zu ihm auf.

»Brauchst nicht auf mich zu warten.«

»Hatte ich nicht vor.«

Er küsste sie, dann schlappte er hinein, Marx und Engels folgten ihm wie zwei zahme Schoßhündchen. Vogelsang sah ihnen nach und bekam eine leichte Gänsehaut. Dann wandte sie sich wieder dem Bildschirm zu. Neben dem Laptop lag die Mappe aus Mathissens Wohnung. Sie hatte die Adresse aus den Notizen ins Suchfeld der Online-Map eingegeben und rangezoomt. Da war der Flughafen, Wald, dann einige Industriebauten, die ersten Häuser einer Siedlung. Und dann das Restaurant. Von oben nur ein weißes Flachdach. Wenn sie auf den roten Pin klickte, bekam sie Name und Adresse angezeigt: China Town Restaurant. Vier von fünf Sternen. »Das Essen war ganz in Ordnung. Ente relativ salzig.« »Typisch chinesische Küche. Hauptsächlich Chinesen als Gäste, deswegen etwas lauter. Essen sehr authentisch und schmackhaft. Parkplatz für SUV geeignet.«

Sie rieb sich die Stirn. Ein Chinarestaurant. Sie las den Namen, den Mathissen an den Rand geschrieben hatte. *Luan Zhenyun*. Als sie nach dem Treffen mit Franziska zurück ins Büro gegangen war, hatte sie den Namen tatsächlich im System gefunden. Er war aber keiner der beiden Pangolin-Schmuggler, sondern ein Mann, den Mathissen schon vor Wochen verhaftet hatte, weil er versuchte, Jungaale, sogenannte Glasaale, nach Hongkong zu schmuggeln, und den sie nichtsahnend wieder freigelassen hatte. Daher auch die Fotos von den Koffern mit den wassergefüllten Tüten: Darin schwammen keine Larven, sondern Hunderte fast durchsichtige Aale.

Auf was um alles in der Welt war Mathissen da gestoßen? Auf einen Schmuggelring für Jungaale? Und was war mit dem Restaurant? Diente es als Umschlagplatz, als Zwischenstation?

Dann hatte dieser verdammte Fischkopf in Mathissens Kühlschrank also doch etwas zu bedeuten.

Ihr schwirrte der Kopf.

Mathissen war Mitglied in einem Anglerclub gewesen. Auf einem der Bilder der Clubwebsite hatte sie ihn in einer Gruppe entdeckt und ein weiteres Gesicht erkannt: Rainer Weihrauch, erster Vorsitzender. Der war bei der Beerdigung gewesen, mit ihm würde sie sich unterhalten müssen. Sicher wusste der mehr zu Aalen und vielleicht auch, warum Mathissen einen Aalkopf in seinem Kühlschrank aufbewahrt hatte.

Sie stand auf und tappte barfuß die Treppen hinunter in den Garten.

Sie hatte sich im Frühjahr viel vorgenommen, Gemüsebeete, Hochbeete. Erst vor zwei Jahren waren sie in die Wohnung gezogen, die Teil eines genossenschaftlichen Projekts war. Insgesamt vier alte Backsteinhäuser aus der Jahrhundertwende um 1900 mit jeweils vier Wohnungen gehörten dazu; die im Obergeschoss waren etwas kleiner, zu den Erdgeschosswohnungen gehörte jeweils ein Stück des großen, zusammenhängenden Gartengrundstücks. Über ihnen in der Dachgeschosswohnung lebte Gerhard, freiberuflicher IT-Entwickler, der sich mit Mikas Hilfe ein Hochbett in sein Schlafzimmer gebaut hatte und Anlaufstelle für sämtliche Soft- und Hardwareprobleme in der Gemeinschaft war. Im Haus neben ihnen wohnten Renate und Wolfgang, beide schon in Rente und ständig auf irgendwelchen Hochgebirgstouren unterwegs, erst letzte Woche waren sie von einem Trip aus Südamerika zurückgekehrt, erschöpft, aber gut gelaunt; schon kurz nach dem Einzug hatten die beiden beschlossen, einen Schwimmteich in ihr Gartenstück zu graben, und nach Wochen der gemeinsamen Arbeit waren Renate und Vogelsang die ersten Runden geschwommen; seitdem war der Teich Treffpunkt der Gemeinschaft. Yassir, der über Wolfgang und Renate wohnte, hatte sich im Keller einen Proberaum eingerichtet und dort sein elektrisches Schlagzeug aufgebaut, um nun mindestens einmal in der Woche mit Wolfgang zu jammen.

Sie stand unschlüssig neben den Beeten.

Die Sache mit Mathissen war nicht zu Ende, noch lange nicht. Und ein klein wenig fühlte es sich auch gut an, im Recht zu sein, zu wissen, dass da mehr war, obwohl alle anderen um sie herum das Gegenteil behaupteten. Pangoline, Glasaale, scheißegal, auf welch dreckige Machenschaften Mathissen da gestoßen war, sie würde alle Hebel in Bewegung setzen, um es herauszufinden und seine Arbeit zu Ende zu führen.

8

Mian

Plötzlich war alles voller Polizei.

Von allen Seiten stürmten die Beamten heran, manche von ihnen mit Maschinenpistolen, alle mit schusssicheren Westen, verkabelt, ernste Gesichter. Panisch sah sich Mian um. Wenn sie jetzt losrannte, hatte sie vielleicht noch eine Chance. Sie könnte zurück zu den Geschäften und dann zwischen den Leuten untertauchen.

Alle Muskeln spannten sich an. Aber sie war wie erstarrt.

Sheng, der sie zum Flughafen gebracht und ihr beim Aufgeben der schweren Koffer geholfen hatte, war nicht mehr zu sehen, aber sie wusste, dass er noch da war, irgendwo hinten bei den Rolltreppen, zwischen den Shops, und sie beobachtete. Im Falle einer Verhaftung war sie nur eine einfache Servicekraft aus einem Restaurant, die auf dem Weg zu ihren Eltern war; im Falle einer Verhaftung waren die schweren Koffer ein Geschenk, nein, von einem Exportverbot wisse sie nichts, nein, sie spreche kein Deutsch und auch nur schlecht Englisch, nein, sie wolle nur nach Hause, und sie würde leise zu weinen beginnen und nichts mehr sagen.

Doch die Polizisten rannten an ihr vorbei, weiter nach vorn. Hinter dem Scanner umringten sie jemanden. Ein Mann begann jetzt laut zu schreien in einer Sprache, die Mian nicht verstand. Mehrere Beamte rangen ihn nieder, andere sicherten den Einsatzort ab, drängten Schaulustige zurück. Dann wurde der Mann hochgehoben, vier Polizisten nahmen ihn in ihre Mitte und führten ihn ab. Er hatte einen Schuh verloren, das Hemd hing ihm aus der Hose, seine Augen sprangen unruhig hin und her. »Justice!«, rief er, während ihn die Beamten abführten, »Justice!«

Mian zitterte.

Die Schlange rückte weiter, kurz darauf stand sie vor dem Körperscanner. Sie hatte ihre Schuhe ausgezogen, legte sie zu ihrem kleinen Rucksack in die Wanne und ging durch das Gerät. Sie hatte einen trockenen Mund, fühlte einen heftigen Druck in ihrer Brust. Ein leises Surren war zu hören, dann winkte sie die Sicherheitsmitarbeiterin zu sich. Mian lächelte, und die Frau lächelte zurück.

Unsichtbar werden um jeden Preis, keine Angriffsflächen bieten, lächeln.

Die Frau nickte ihr zu. Mian zog sich ihre Schuhe an und nahm den Rucksack. In gut zwei Stunden würde sie in der Maschine sitzen. Sie tastete nach ihrem Pass, klappte ihn auf. Ihr Foto war unschuldig und freundlich. Sie blickte sich um. Von Sheng keine Spur. Im Wagen hatte er ihr den Pass gegeben, dazu fünfzig Euro für Kleinkram wie Zeitschriften und Getränke.

Sie ging jetzt entlang der Geschäfte und Boutiquen zu ihrem Gate und setzte sich an den Rand einer Bank. Der Wartebereich füllte sich. Leute mit Stöpseln in den Ohren, Leute vor Laptops, aufgedrehte Kinder, Geschäftsreisende am Smartphone.

Nach und nach wurde sie ruhiger, ihre Anspannung wich einer trägen Müdigkeit. Kurz spielte sie mit dem Gedanken, einfach in einen anderen Flieger zu steigen, einen, der sie nach Kanada bringen würde, raus aus diesem Leben. Aber wie sollte sie das anstellen? Sie hatte nicht genug Geld, um sich ein Ticket zu kaufen. Nein, sie würde wie geplant nach Hongkong fliegen müssen, ihre Chance würde noch kommen.

Sie zog das Prepaid-Handy aus ihrer Tasche, das ihr Sheng gegeben hatte, und schrieb eine erste Nachricht an Wang: *Bin am Gate. Abflug pünktlich.*

Das sonore Rauschen der Turbinen hatte sie schließlich doch einschlafen lassen.

Nachdem sie erwacht war, schaute sie sich einen Film an, *Stirb langsam – Ein guter Tag zum Sterben*, war aber abgelenkt. Ihr Blick ging immer wieder nach draußen, zu den dunkler werdenden Wolkenbänken. Während der Fahrt zum Flughafen hatte sie Sheng nach Luan gefragt. Sheng hatte nur mit den Schultern gezuckt. Der sei wahrscheinlich zurück nach Hause geflogen, nach Hongkong. Zurückgeflogen? Ohne dass Wang oder Lee etwas dagegen unternommen hatten? Wieso ließen sie ihn einfach so gehen? Sie hatte weitere Fragen stellen wollen, es aber nicht getan. Sie wusste, dass es nichts bringen, dass Sheng nur lächeln und mit den Schultern zucken würde.

Sie musste sich jetzt auf sich konzentrieren. Sie brauchte Geld und musste irgendwie eine Möglichkeit finden, ihren Pass zu behalten.

Irgendwo unter ihr die kasachische Steppe.

Ihr Nacken schmerzte. Die Frau neben ihr schnarchte leise. Draußen war es jetzt stockfinster, sie sah nur ihr bleiches Gesicht im Fenster. Obwohl sie noch jung war, erst dreiundzwanzig, hatte sie manchmal das Gefühl, als sei ihr Leben bereits entschieden und vorbei. Dann fühlte sie sich wie eine alte Frau, gezwängt in ein Leben, das sie so nie gewollt hatte. Ihre Eltern waren bei einem schweren Autounfall gestorben, da war sie fünf gewesen. Sie erinnerte sich heute kaum noch an sie, kannte ihre Gesichter von Fotografien, aber den Klang ihrer Stimmen, die Art, wie sie sich bewegten, das alles hatte sie längst vergessen. Sie hatte seit dem Unfall bei ihrem Onkel gelebt, einem herrischen Beamten, der seine beiden eigenen Kinder ihr immer vorgezogen hatte; wenn es Backpfeifen gab, dann bekam sie die meisten, und wenn Nachtisch verteilt wurde, kriegte sie die kleinste Portion. Sie war ein stilles Kind, gut in der Schule, aber schüchtern und zurückgezogen. Erst als sie Jamie kennengelernt hatte, die vorlaute, schlagfertige Jamie, die Actionfilme mochte und sich ein riesiges Poster von Bruce Willis in ihr Zimmer hängte, erst da war der Kokon um Mian langsam abgefallen. Später waren sie zusammengezogen. Jamie studierte Informatik, Mian arbeitete in einem der Hotels von Lee, und die Zukunft, die sich beide ausmalten, war aufregend und voll von Popcorn, Spielekonsolen und Filmen.

Mian lehnte sich wieder zurück, schlief ein. Sie träumte von Bergen, von einem klaren Himmel.

Der Landeanflug begann.

Mian erwachte erneut und blickte sich verwirrt um. Sie sah auf das Display vor sich, das die aktuellen Flugdaten anzeigte. Es war kurz vor eins am Mittag, sie würden pünktlich um 13:10 Uhr auf dem Flughafen Chek Lap Kok landen. Sie konnte schon die Stadt sehen, die Geschäfts- und Wohntürme, Schiffe auf dem Wasser. Der Anblick versetzte sie jedes Mal in Unruhe, ein beklommenes Gefühl der Unsicherheit, sie bekam eine Gänsehaut. Und jetzt, nach den ersten großen Demonstrationen, nach Tränengaswolken und aufgespannten Regenschirmen, war der Sicherheitsapparat noch nervöser und restriktiver, da half nur ein belangloses Lächeln, um nicht weiter aufzufallen.

Ruckelnd setzte die Maschine auf, Musik begann zu spielen. Während sie zum Gate rollten, sah sie nach draußen, in eine Welt, die sie kannte, in der sie sich aber nicht mehr heimisch fühlte.

Geduldig reihte sie sich in die Schlange, zeigte ihren Pass und sah den Beamten an, versuchte sogar zu lächeln, bekam aber nur ein mechanisches Nicken zurück und ging weiter. Sie wartete geduldig auf die beiden Koffer, wuchtete den ersten vom Band. Als sie aber nach dem zweiten greifen wollte, drängte sich jemand zwischen sie und packte den Koffer. Sie hatte den Mann noch nie gesehen. Er hatte rotblondes Haar und Sommersprossen.

»It's too heavy for you, lady«, sagte er und stellte den Koffer vor sie.

Sie wollte gar nicht darüber nachdenken, was passieren würde, wenn sie einen der beiden Koffer verlor.

Sie lächelte.

Der Mann hob die Hand.

»Nice holidays«, sagte er und ging davon.

Mian wartete einige Augenblicke, atmete durch. Dann ging sie zum vereinbarten Treffpunkt.

Wie immer war Mike schon da. Er sah gut aus, groß gewachsen, trug einen perfekt sitzenden Anzug und Sonnenbrille. Er grinste, als er Mian sah. Ob sie einen guten Flug gehabt habe. Sie nickte. Er nahm ihr die Koffer ab, und sie gingen nach draußen zu einem der Parkplätze. Dort stand sein dunkler Van. Er verlud die Koffer, dann stiegen sie ein. Mike nahm die Sonnenbrille ab und wartete.

Mian holte ihren Pass aus der Tasche und gab ihn Mike.

Er nickte, tippte etwas in sein Smartphone, dann startete er den Motor.

Sie fuhren die Autobahn 8 Richtung Stadtzentrum, überquerten die Tsing-Ma-Brücke, die sich fast zweihundert Meter über den Ma-Wan-Kanal erhob. Mian hatte sich die Sonnenbrille aufgesetzt und blickte hinaus aufs Wasser. Die Klimaanlage rauschte und blies ihr beständig Luft ins Gesicht. Sie war froh, dass Mike sie nicht in eine Unterhaltung zwang und ebenfalls schwieg. Dafür spielte das Radio Charthits.

Es ging in südliche Richtung, vorbei an Kowloon rüber nach Wan Chai, wo Mike vor einem von Lees Hotels hielt. Sie stieg aus, nur mit ihrem Rucksack. Mike sagte, er werde sich später bei ihr melden. Er zog die Tür zu und fuhr davon.

Mian checkte ein. Man kannte sie, begrüßte sie wie einen Stammgast. Sie fuhr hinauf in den achten Stock. Der Raum war gerade groß genug für das Bett, im winzigen Bad konnte sie beim Pinkeln die Füße in die Dusche stellen.

Sie ließ sich aufs Bett fallen, starrte eine Weile an die Decke und lauschte dem leisen Rauschen der Klimaanlage. Sie hatte Hunger und leichte Kopfschmerzen, schaltete den Fernseher ein und schaute ein Musikvideo. Sie fühlte sich leer, wollte schlafen, spürte aber ihr Herz rasen, als sei sie gerannt. Sie richtete sich auf, trat ans Fenster und sah hinunter auf die belebte Straße. Früher hatte sie die Stadt geliebt, das Chaos, die vielen Menschen, die Hochhäuser und Parks, aber jetzt machte es sie nur noch müde.

Sie stand am Victoria Harbour und sah über das Wasser hinüber nach Kowloon. Sie machte ein paar Fotos, ging dann in westlicher Richtung weiter auf der Promenade. Die Luft war feucht und schwer. Sie hatte sich in einem McDonald's etwas zu essen gekauft und es hastig hinuntergeschlungen. Jetzt hatte sie einen pelzig süßen Geschmack im Mund und fühlte leichte Übelkeit. Aber ihre Kopfschmerzen waren weg.

Die Atmosphäre in der Stadt war angespannt, gereizt. Vielleicht war das schon immer so gewesen, aber ihr fiel es besonders jetzt auf, da sie wieder in den Straßen unterwegs war. Es wurde ständig gehupt, überall schien jemand zu fluchen oder irgendeine Parole zu brüllen, die sie nicht verstand, und in den Straßen war mehr Polizei präsent, als sie in Erinnerung hatte.

Vielleicht glaubte sie auch deshalb, ihr würde jemand folgen. Immer wieder blieb sie stehen, tat so, als würde sie aufs Wasser blicken, sah sich dabei aber verstohlen um. Sie wusste, dass das Blödsinn war. Sie war hier nur eine winzige Ameise in einem riesigen Bau. Trotzdem wurde sie das Gefühl nicht los. Einmal glaubte sie, ein Taxifahrer würde ihr zuzwinkern. Und spiegelte sich da nicht Mike in einer Glasfront?

Sie ging weiter zu den Fähranlegern, vorbei an einem Riesenrad, und überlegte, sich ein Ticket zu kaufen, tat es aber nicht. Auf einer Rasenfläche setzte sie sich in den Schatten einer Chinesischen Feige und streckte die Beine aus. Nervös sah sie sich um. Sie wusste nicht genau, was los war; vielleicht die überreizte Wachheit, seit sie in der Maschine wieder aufgewacht war, vielleicht auch eine dumpfe Vorahnung. Aber hätte Wang sie losgeschickt, wenn er ihr nicht mehr traute? War das Ganze hier ein Test? Einige Zeit saß sie einfach nur da und wartete, aber es geschah nichts. Die Menschen um sie beachteten sie nicht, starrten auf die Displays ihrer Smartphones, irrten am Wasser umher.

Mian wurde plötzlich unendlich müde. Sie wollte sich zusammenrollen und einfach nur daliegen, wollte, dass sich der warme Boden öffnete und sie einschloss. Sie dachte an Hao und fragte sich, ob sie in Kanada nicht auch eine Fremde bleiben würde, jemand, der nicht dazugehörte. Aber dann wäre sie frei. Dann hätte sie ihr Leben wieder in der Hand. Und vielleicht würde sie wie Hao jedes Jahr ein Stück mehr dazugehören, vielleicht würde sie studieren, irgendwas in der IT, würde Apps programmieren und damit viel Geld verdienen; sie würde einen klugen Mann finden, zwei süße Mädchen bekommen und dann auch in einem Haus am See wohnen und zum Angeln hinausfahren. Oder sie würde sich einen dieser Vans kaufen und kreuz und quer durch Amerika fahren, mit einem Laptop konnte sie schließlich überall arbeiten; sie würde unterm Sternenhimmel irgendwo in Arizona sitzen oder in Kalifornien am Pazifik, und die Zeit im Restaurant, ihre Arbeit für Wang und Lee, das alles hätte sie da längst schon vergessen. Nein, sie würde dann nie wieder nach Hongkong zurückkehren. Mit der Stadt verband sie den Tod ihrer Eltern, ihren tobsüchtigen Onkel, den milde lächelnden Lee, hinter dessen Lächeln aber eine undurchdringbare Finsternis herrschte. Und der Kontakt zu Jamie war längst abgebrochen, ihrem Instagram-Profil nach war sie gerade irgendwo in Japan.

Das Prepaid-Handy in ihrer Tasche vibrierte.

Sie zog es heraus. Die Nachricht war von einer unbekannten Nummer.

Are you hungry?

Das Ding begann zu klingeln. Mian zuckte zusammen und starrte das Gerät an. Dann nahm sie ab.

Sie erkannte die Stimme sofort. Es war Mike. Er fragte sie noch einmal, ob sie hungrig sei. Und dann sagte er, dass er sie im Hotel abholen würde, ob das für sie okay sei.

Mian nickte. »Ja, ist okay«, sagte sie.

Er legte auf.

Sie kannte Mike nur von ihren Touren. Er holte sie immer am Flughafen ab und brachte sie einen Tag später wieder hin. In der Zwischenzeit behielt er ihren Pass, hatte sich aber sonst nie groß um sie gekümmert. Vielleicht war er auch einsam. Sie stand auf. Ein warmer Wind kam vom Meer.

Als es an der Zimmertür klopfte, war sie bereit. Sie hatte geduscht, etwas Make-up aufgetragen, saß auf dem Bett und spielte Candy Crush. Sie wartete, bis es ein zweites Mal klopfte, dann ging sie zur Tür und öffnete. Mike stand mit hinter dem Rücken verschränkten Armen da und grinste breit.

»Hast du Hunger?«

Mian nickte.

»Dann lass uns gehen.«

Mit einem der roten Taxis fuhren sie rüber nach Kowloon. Mike sagte, er kenne da ein nettes Restaurant, es würde ihr sicher gefallen. Und nein, es sei keiner von Lees Läden, sie müssten ja auch mal schauen, was die Konkurrenz so mache. Wieder grinste er. Sie nickte nur und sah zum Fenster raus, dachte, dass

Mike sie jetzt auch genauso gut entführen und sie nichts dagegen tun könnte. Auf einer belebten Straße in Mongkok stiegen sie aus. Es herrschte ein ziemliches Durcheinander, die Straßen waren voller Menschen. Mian folgte Mike, ließ sich von ihm durch die Menge ziehen, bis sie schließlich in einem der zahlreichen Restaurants verschwanden.

Die Tische standen eng, an der Wand hingen Fernseher, und eine Gruppe war bereits mitten in einer Runde Karaoke. Sie setzten sich, und Mike bestellte zwei Bier. Er lehnte sich zurück. Ob sie sich wohlfühle, hier in Hongkong?

»Ja«, log Mian.

»Aber in Deutschland ist es auch schön«, sagte Mike.

Mian sah ihn erstaunt an.

»Du warst schon dort?«

»Ein paar Jahre, wie du in Frankfurt. Schöne Stadt, schön ruhig, und man ist gleich im Wald.«

Sie bekamen mehrere kleine Bambuskörbe, verschiedene Dim Sum, und stießen mit dem Bier an.

»Auf Frankfurt«, sagte Mike.

Sie begannen zu essen.

»Ich mochte damals immer besonders gern die Wurst, in der, wie hieß das noch, Markthalle.«

»Kleinmarkthalle.«

»Ja, genau, da gab es immer Wurst und Brötchen. Worscht, haben sie gesagt, Worscht.« Ihm fiel beim Lachen beinahe der Bissen aus dem Mund.

»Ja, Worscht ist lecker«, sagte Mian und nahm einen Schluck von ihrem Bier. Sie versuchte herauszufinden, was Mike wirklich von ihr wollte. Nur ein argloses Abendessen? Oder hatte Lee ihn geschickt?

Mike erzählte ihr, dass er ein Start-up für Lebensmittellieferungen gegründet habe. Man könne über die App ein Menü auswählen und bekomme dann die schon genau abgewogenen und klein geschnittenen Zutaten dafür, Gemüse, Fleisch; man könne sich auch einen Koch mitbestellen, der das Essen dann vor Ort zubereite. Gerade dieser Service komme sehr gut an, und er expandiere. Ob sie denn kochen könne, er suche händeringend nach Köchen.

»Nicht besonders gut«, sagte sie.

Mike beugte sich vor.

»Lee hält viel von dir«, sagte er. »Du machst deine Sache bisher gut. Wenn du nach Hongkong zurückkommst, dann wird es mit dir schnell aufwärtsgehen, glaub mir. Ich denke, dass wir noch viel Spaß zusammen haben werden.«

Er schmunzelte, kniff dabei die Augen zusammen.

Nachdem er das dritte Bier getrunken hatte, stieg er auf die kleine Bühne und sang *Yellow Submarine* und *Yesterday*. Er wollte Mian auch zum Singen überreden, aber sie weigerte sich.

Mike bezahlte und sie gingen zusammen durch die Straßen. Sie kamen durch den Bird Garden, der Teil eines Parks war. Dort gab es Hunderte Singvögel in Käfigen, die alle aufgeregt durcheinanderkreischten und zwitscherten; bunt flatternde Flecken hinter engmaschigem Draht. Am Ausgang des Parks küsste Mike sie.

Da habe Lee wirklich einen guten Fang gemacht, sagte er, als sie im Taxi saßen.

Er begleitete sie zu ihrem Zimmer, drängte sich hinter ihr hinein und verschloss die Tür. Er bestellte zwei Carlsberg, sagte ihr, dass sie sich ausziehen solle. Sie solle sich da vorn ans Fenster stellen und tanzen, ob sie denn nicht gerne tanze, alle Mädchen würden gerne tanzen. Er ließ Musik auf seinem Smartphone laufen. Mian fror, obwohl es draußen tropisch warm war. Sie begann sich zu bewegen.

Mike trat hinter sie, reichte ihr das Bier. Während Mian trank, begann Mike sie anzufassen. Er drückte sie gegen die Scheibe, und Mian wusste, was kommen würde. Sie sah hinunter auf die Straße und stellte sich vor, das Fenster zu öffnen, die Arme auszubreiten und sich fallen zu lassen. Schwerelos schwebte sie zwischen den Hochhäusern und sah auf die Menschen herab.

Danach rauchte Mike eine Zigarette, obwohl das auf den Zimmern verboten war.

»Ich mag dich wirklich gern, Mian, es muss ja nicht immer gleich die große Liebe sein.« Er streifte sich sein Hemd über den Kopf. »Die gibt es vielleicht gar nicht, und wenn ich immer danach suche, sterbe ich am Ende allein und ohne Spaß gehabt zu haben. Aber wir wollen doch alle Spaß haben.«

Mian nickte und zog sich ihr Shirt an.

»Gesprächig bist du ja nicht gerade.« Mike ging ins Bad und schloss die Tür. Die Dusche begann zu rauschen. Mian schaltete den Fernseher an und setzte sich aufs Bett. Sie war müde, gleichzeitig aber noch immer von einer nervösen Unruhe ergriffen, hatte noch Mikes Geruch an sich, schmeckte seinen Schweiß. Sie griff nach ihrem Smartphone und startete Candy Crush.

Mike kam aus dem Bad, die Haare nass, schlüpfte in seine Boxershorts und die Hose. Dann setzte er sich zu ihr aufs Bett, strich ihr eine Strähne aus dem Gesicht.

»Ich will nicht, dass du den gleichen Fehler wie Luan machst«, sagte er. »Luan war ein Verräter, eine Kakerlake, ein Nichts. Aber so bist du nicht. Du weißt, wo dein Platz ist. Jeder sollte das wissen. Und dein Platz ist bei Lee, bei mir. In ein paar Jahren wirst du uns dankbar sein, und du wirst verstehen, dass Loyalität eine Tugend ist und nichts, was man sich einfach so kaufen kann.«

Mike zog sich seine Sneakers an.

»Es wäre schade um dich.« Er fuhr sich durch die feuchten Haare. »Ich hole dich morgen um acht. Dann können wir noch in Ruhe frühstücken.«

Die beiden Männer kamen direkt auf sie zu.

Vor vierzig Minuten war ihre Maschine in Frankfurt gelandet. Mian war müde, brauchte eine Dusche und etwas zu essen, und dann musste sie schlafen. Wie vereinbart hatte Mike sie abgeholt, sie hatten noch zusammen gefrühstückt, dann hatte er sie zum Flughafen gefahren, ihr den Pass gegeben und sich von ihr verabschiedet. Bis bald, hatte er gesagt und ihr so lange nachgesehen, bis sie hinter der Sicherheitskontrolle verschwunden war.

Mian hatte die Männer noch nie gesehen. Beide waren elegant gekleidet, weiße Hemden, Jacketts. Beide trugen Sonnenbrillen. Der eine packte sie am Oberarm und zog sie sanft zu sich, blieb dabei nicht stehen, sie musste mit ihm gehen.

»Es ist alles in Ordnung«, sagte er. »Wir wollen mit dir reden.«

Waren das Leute von Wang? Oder die Polizei? Sie war zu überrascht und auch zu müde, um sich zu wehren, und ging einfach mit. Der Mann hielt sie noch immer am Arm, führte sie durch die Halle, hinaus zu den Parkplätzen. Er öffnete die Hintertür eines weißen Wagens.

»Steig ein!«, sagte er.

»Seid ihr von Wang?«, fragte sie leise.

»Steig jetzt ein!« Er packte sie fest am Arm und schob sie in den Fond des Wagens. Dann setzte er sich neben sie, und sie fuhren los. Schnell verschwanden die Flughafengebäude, und sie fuhren durch ein Waldstück, dann bog der Wagen von der Straße ab und rumpelte auf einen unbefestigten Parkplatz, hielt. Die Klimaanlage schnaubte. Der Mann wandte sich ihr zu.

»Was kann man bei euch essen?«

Sie sah ihn an, als rede er in einer fremden Sprache mit ihr.

»Was kannst du empfehlen?«

»Die Hongkong-Ente«, sagte sie leise.

»Ja, die Hongkong-Ente? Warum?«

»Sie ist knusprig.«

»Ah, knusprig, ja, das mag ich.«

Ihre Beine zitterten, Tränen schossen ihr in die Augen. Wieso glaubten alle, sie herumschubsen zu können und ihr zu sagen, was sie zu tun habe?

Der Mann rutschte näher an sie heran.

»Gefällt es dir in Hongkong? Schöne Stadt, nicht wahr? Wenn man Geld hat.«

Sie schwieg. Ihr Brustkorb schnürte sich zusammen.

»Warum arbeitest du noch immer für den Alten? Du könntest längst frei sein, in Hongkong leben, vielleicht ein eigenes Restaurant haben, einen kleinen Laden.«

Sie sah ihn nicht an.

»Du könntest längst bei Hao sein, in Kanada.«

Sie zuckte zusammen. Woher wussten sie von Hao, von ihren Plänen mit Kanada?

»Wir kennen dich gut, kleiner Vogel. Wir wissen, dass du schlau bist. Und deshalb weiß ich, dass du uns helfen wirst. Denn dann werden wir auch etwas für dich tun. Dann kommst du raus hier. Wang hat keine Zukunft, die Zukunft sind wir.« Er legte ihr seine Hand auf den Oberschenkel. »Wang ist ein alter Mann, er versteht die Welt schon lange nicht mehr. Er versteht nichts von Wachstum, von neuen Märkten. Er glaubt, er könnte in seinem kleinen Büro sitzen und alles würde weiterlaufen wie bisher.«

Sie starrte auf die dünnen Finger des Mannes, die den Stoff ihrer Hose kaum zu berühren schienen. Er beugte sich zu ihr.

»Hör mir jetzt genau zu, Mian: Wang hat ein schwarzes Notizbuch. Du besorgst uns dieses Buch, es ist wichtig für uns. Wenn wir es haben, werden wir dir helfen, hier rauszukommen.«

Der Wagen setzte sich wieder in Bewegung. Der Mann ließ seine Hand die ganze Fahrt über auf ihrem Oberschenkel liegen.

Irgendwann hielt der Wagen. Sie kannte die Gegend. Das Restaurant war ganz in der Nähe.

»Wir meinen es ernst«, sagte der Mann und reichte ihr einen Umschlag. »Darin findest du eine Anzahlung und eine Telefonnummer. Die rufst du an, wenn du das Buch hast, dann holen wir dich ab und bringen dich weg. Und jetzt raus!«

Sie stieg aus. Der Wagen gab Gas, bremste dann aber noch einmal scharf und rollte zurück. Die Tür sprang auf.

»Das gehört dir.«

Ihr Rucksack wurde auf die Straße geworfen, die Tür flog zu und das Auto brauste davon. Sie ging in die Hocke und vergrub ihr Gesicht in ihren Händen, atmete langsam gegen den Druck in ihrer Brust. Kleiner, flatternder Vogel, dachte sie. Langsam beruhigte sie sich. Sie öffnete den Umschlag und blätterte durch ein Bündel Fünfzig-Euro-Scheine. Sie begriff sofort, was das war. Am liebsten hätte sie das Geld in den nächsten Papierkorb gesteckt, aber es war zu spät. Sie hing jetzt genauso drin wie Luan.

Sie stand auf, nahm den Rucksack und ging zurück zum Restaurant.

9

Mika hatte mal wieder auf den Feldberg gewollt, obwohl er, das wusste Vogelsang, die Strecke mindestens einmal im Monat fuhr, manchmal auch öfter. Man fahre die meiste Zeit ja im Schatten, also während des Anstiegs, hatte er argumentiert, und Vogelsang hatte es schon vor sich gesehen: Mika würde davonziehen, während ihr die Zunge aus dem Hals hängen und ihre Oberschenkel brennen würden wie Hölle, oben dann würde er sie mit einem breiten Lächeln erwarten und sie auf die fantastische Aussicht hinweisen, und sie würde ihn Idiot oder ähnlich nennen, sich ins Gras hocken und kurz davor sein zu explodieren.

Nein, der Feldberg kam nicht infrage.

Außerdem waren Gewitter vorhergesagt, und sie hatte wenig Lust, bei den ersten Blitzeinschlägen irgendwo in den Serpentinen am Berg zu hängen. Deshalb hatte sie vorgeschlagen, die Tour zur Mainspitze zu machen. Eine flache Strecke entlang des Flusses, zurück dann durch die Weinberge von Hochheim. Mika hatte schnell nachgegeben. Sie wisse auch schon, wo sie dann was essen könnten, hatte sie gesagt, Chinesisch, denn ganz ohne Hintergedanken hatte sie die Tour natürlich nicht geplant. Dass sie anschließend auch noch bei Weihrauch im Angelverein vorbeischauen wollte, verschwieg sie aber erst mal.

Mika war früh einkaufen gewesen, hatte Brötchen mitgebracht, und nach dem Frühstück, nachdem Vogelsang noch einige Zeit mit Marx auf dem Bauch und Engels auf den Oberschenkeln auf der Sonnenliege im Garten geflätzt hatte, die Augen geschlossen, waren sie aufgebrochen.

Es war schwül, und über dem Main ballten sich schon die ersten Wolken. Ein angenehmer Wind ging, und sie zischten auf ihren Rädern am Wasser lang, mal fuhr sie vorn im Wind, mal Mika. Während sie fuhren, sprachen sie nicht viel miteinander. Vogelsang merkte mit jedem Tritt, wie die Woche aus ihrem Körper rutschte, wie sie leichter wurde, mehr Kraft bekam. Wenn sie am Wasser ein paar Angler hocken sah, dachte sie an Mathissen, an Franziska und an Tina Köster. Aber sie grübelte nicht wie sonst, die Gedanken flogen heran und verabschiedeten sich wieder, eine wirre Folge von Bildern, Assoziationen: Mathissen in einem Ruderboot mit einem fetten Aal an der Angel; Abel in kurzen Hosen und mit traurigem Blick; Brandt betrunken, aber glücklich; Thomas Zöllner in Socken auf seinem Klappbett. Sie musste grinsen. Manchmal war das Ganze einfach nur ein riesengroßes Theater, eine Art Zirkusshow, in der jeder versuchte, sich ins Rampenlicht zu drängen und seine Kunststücke aufzuführen. Nur dass nie jemand lachte und es kein Popcorn gab.

An der Mainspitze hockten sie eine Weile auf einer der Bänke, nuckelten an ihren Flaschen mit dem isotonischen Gebräu und schauten übers Wasser nach Mainz. Immer wieder kreuzten Binnenkähne oder Flusskreuzfahrtschiffe ihre Blicke. Vogelsang streckte die Beine aus.

»Hab heute Nacht von Mamas Beerdigung geträumt«, sagte sie.

»Sie ist noch lange nicht so weit.« Mika legte ihr eine Hand auf den Oberschenkel.

»Weiß ich. Trotzdem war es komisch, so real.«

»Sicher wegen der Beerdigung von Mathissen.«

»Wahrscheinlich. Vielleicht sollten wir uns da auch mal drum kümmern. Willst du Sarg oder Urne?«

»Du kannst mich auf dem Feldberg verstreuen.«

»Du meinst, wie Walter den armen Donny. Und alles landet dann bei mir auf dem Shirt?«

»So ähnlich, ja.«

Sie liebten beide den Dude und schauten mindestens zweimal im Jahr *The Big Lebowski*; dann machten sie sich White Russians, gingen später bowlen oder tanzten zum Soundtrack.

»Also ich will es ganz klassisch, so mit Ansprache und Trauerzug«, sagte Vogelsang. »Und anschließend hocken alle in Schwarz beim Kaffee und erzählen sich Anekdoten.«

Auf dem Rückweg durch die Weinberge erwischte sie ein erster Regenschauer. Für ein paar Minuten platschten dicke, warme Tropfen auf den Weg und es roch intensiv nach Sommer. In der Ferne rollte ein erster Donner. Aber als sie Kelsterbach erreichten, herrschte wieder eitel Sonnenschein. Vogelsang checkte auf ihrem Smartphone die Adresse. Das Restaurant lag unscheinbar am Rand einer Wohnsiedlung, ein frei stehendes Haus mit eingezäuntem Hof und Terrasse.

»Da willst du essen?«, fragte Mika und schob sich die Sonnenbrille in die Stirn.

»Die Ente soll gut sein. Empfehlung von einem Kollegen.«

»Dachte ich mir schon.«

»Was dachtest du dir?«

»Dass es wieder die Arbeit ist.«

Vogelsang versuchte, nicht rot zu werden, zum Glück war sie es von der Fahrt noch.

»Jetzt komm, ich hab Hunger.«

Sie setzten sich auf die Terrasse unter einen der Schirme, und eine junge Frau brachte ihnen die Karte. Sie trug ein schwarzes Shirt und schwarze Hosen, ihre Haare waren akkurat zu einem Pferdeschwanz gebunden. Sie war schmal, fast zierlich, lächelte freundlich. Sie fragte, ob sie schon etwas zu trinken haben wollten. Vogelsang hatte etwas Mühe, sie zu verstehen, sie sprach leise und mit Akzent, wahrscheinlich war es Chinesisch. Sie bestellten zwei große Spezi, Wan Tan und Frühlingsrollen zur Vorspeise. Mika nahm die Shanghai-Ente, Vogelsang die Hongkong-Ente. Die Frau nickte ein paarmal, notierte aber nichts und ging rasch zurück ins Restaurant.

Während Mika über seinem Smartphone hing und irgendwelche Tabellen in der Strava-App studierte, sah sich Vogelsang um. Nichts Auffälliges, Blumenkübel, Nullachtfünfzehn-Tischgarnituren. An einem der Nebentische saß ein Typ vor einem halb leeren Weizenbierglas. Er trug eine Basecap mit der Aufschrift *Lufthansa* und hatte sich über ein Notizbuch gebeugt. Ab und an sah er auf. Dann nickte er zufrieden und schrieb etwas in sein Buch. Er tat es immer dann, wenn über ihnen ein Flugzeug hinwegdonnerte.

Das Essen kam. Die junge Frau wünschte ihnen mit einem leichten Kopfnicken guten Appetit.

Während sie sich die Hände wusch und sich im kleinen Spiegel betrachtete, fragte sich Vogelsang, nach was es hier roch. Wahrscheinlich die Dünste aus der Küche, Zwiebeln, Fisch, irgendwas Scharfes. Sie sah sich um. Das kleine Oberfenster stand auf Kipp. Sie drehte das Wasser ab und lauschte. Dann ging sie rüber zum Fenster. Es ließ sich leicht öffnen, und Vogelsang zog sich am Sims mit einem Klimmzug hinauf. Der Blick ging hinunter in den Hof. Alles voller Kartons und Kisten, dazwischen mehrere weiße Styroporverpackungen, in denen wahrscheinlich Lebensmittel für das Restaurant angeliefert wurden, erst mal nicht verdächtig. Aber durch ihre Recherchen wusste sie, dass Aale gekühlt und für den Transport in Styropor verpackt werden mussten, außerdem brauchte es für die Zwischenlagerung Wasserbassins, und so ein Restaurant hatte sicher auch einen geräumigen Keller. Obwohl Aale seit 2009 in der EU durch das Washingtoner Artenschutzübereinkommen als stark gefährdet eingestuft wurden und seit 2011 nicht mehr außerhalb der Europäischen Union gehandelt werden durften, hatte sich in den letzten Jahren ein lukrativer illegaler Handel mit Glasaalen entwickelt – so nannte man die Jungaale aufgrund ihrer durchscheinenden Haut. Die Schmuggelrouten begannen meist in Spanien oder Frankreich und führten dann über die Flughäfen in Zürich und Frankfurt nach Asien. Vogelsang hatte Meldungen von Interpol recherchiert und zu den entsprechenden Staatsanwaltschaften in Paris und Madrid Kontakt aufgenommen, aber noch keine Antworten erhalten. Der Handel mit Aalen war nicht gerade das, was von den Behörden mit besonderem Nachdruck verfolgt wurde.

Sie ließ sich wieder hinunter und schloss das Fenster. Sie war sich sicher, dass es hier irgendeinen Anhaltspunkt gab, irgendwas musste Mathissen aufgefallen sein, warum sonst hatte er das Restaurant auf der Karte markiert. Hatte der verhaftete Luan Zhenyun hier gearbeitet? Der Ort erschien ihr jedenfalls optimal als Zwischenlager, am Rand eines Wohngebiets gelegen, in der Nähe des Flughafens. Es war im Moment ihr einziger Anhaltspunkt.

Sie verließ die Toilette und blieb einen Augenblick im Gang stehen. Rechts eine verschlossene Tür mit der Aufschrift *Privat*. War das der Zugang zu den Lagerräumen? Plötzlich tauchte am Ende des Ganges die junge Servicefrau auf. Sie sahen sich an. Die Frau lächelte, wie sie wahrscheinlich jeden Gast anlächelte. Vogelsang machte zwei Schritte auf sie zu. Sie würde sie nach dem Namen fragen, viel zu verlieren hatte sie ja nicht.

»Eine Frage«, sagte sie.

Die Frau zuckte zusammen, sie hörte zu lächeln auf, sah hinter sich.

»Kennen Sie einen Luan Zhenyun?«

Die Frau blickte sie irritiert an, aber Vogelsang war sich sicher, dass sie alles verstanden hatte. Ihre Irritation hatte einen anderen Grund, in ihrem Blick lag ein Anflug von Panik.

»Luan Zhenyun«, wiederholte Vogelsang.

Die Frau schwieg.

»Ich bin von der Staatsanwaltschaft Frankfurt.« Vogelsang sah die Frau an, die ihrem Blick auswich. »Hier ist meine Telefonnummer, falls Ihnen doch noch etwas einfällt.«

Sie hatte eine der Visitenkarten aus ihrer Geldbörse gezogen und hielt sie der Frau hin. Die sah sich wieder um. Dann nickte sie, nahm die Karte und ging, ohne einen Ton zu sagen, hinüber zur Theke, nahm ein Tablett mit einem Weißbier und trug es auf die Terrasse hinaus.

Die Frau wusste etwas, da war sich Vogelsang sicher, sie kannte den Namen Luan Zhenyun. Vielleicht hatte sie mit ihm hier zusammengearbeitet, vielleicht half sie ihm sogar bei den Schmuggeltouren. Das Restaurant spielte in jedem Fall eine Rolle, sie musste nur noch herausfinden, welche es genau war.

Vogelsang blickte raus zur Terrasse. Mika schaute auf sein Smartphone, der Mann mit der Basecap saß noch immer dort, nun wieder ein volles Weizenbierglas vor sich. Er notierte etwas in sein Heft. Die junge Frau wischte einen Tisch und sah zu ihr. Vogelsang nickte ihr zu, aber die Frau reagierte nicht darauf.

Vogelsang bezahlte. Mika war schon vorgegangen, und als Vogelsang ihm über die Terrasse folgte, kam ihr ein Mann entgegen, wahrscheinlich ein Mitarbeiter des Restaurants. Es begann in ihr zu rattern, denn sie hatte den Typen irgendwo schon mal gesehen. Sie blieb stehen, drehte sich um. Auch der Mann hatte sich umgedreht, und kurz trafen sich ihre Blicke. Sie wusste nicht genau, wo sie ihn gesehen hatte, aber sie war sich sicher, dieses Gesicht zu kennen. Der Mann lächelte jetzt schmal und verschwand im Inneren des Restaurants. Vogelsang zuckte mit den Schultern und ging zu Mika und den Rädern.

»Fahren wir nach Hause und machen uns einen entspannten Nachmittag im Garten?«, fragte Mika

»Ja, machen wir. Aber ich muss vorher noch was erledigen.«

Mika presste die Lippen zusammen, und Vogelsang legte ihre Hand auf seine Wange.

»Dauert auch nicht lange.«

»Immer unter Strom, die Frau Staatsanwältin.«

»Im Moment ja.«

An der Staustufe Griesheim hielten sie. Die Türme der Schleuse ragten in den Himmel. Vogelsang mochte den Anblick, das Geradlinige, Kubische der alten Anlage, die schon fast einhundert Jahre Schiffe schleuste. Hier trennten sie sich: Mika trug sein Rad die Treppe hoch, während Vogelsang weiter dem Radweg entlang des Mains folgte. Irgendwo auf der Niederräder Seite lag das Clubhaus des Angelvereins, in dem auch Mathissen Mitglied gewesen war.

Vogelsang stieg vom Rad und lehnte es an den Zaun. Sie nahm die Sonnenbrille ab und sah noch einmal auf ihr Smartphone. Der Ort stimmte. Ganz in der Nähe hatten sie auch Mathissen gefunden. Weihrauch, der Vorsitzende des Vereins, hatte ihr am Telefon gesagt, dass er samstags am Nachmittag hier sei, sie könne jederzeit vorbeikommen. Er war oft mit Mathissen angeln gewesen, und Vogelsang hoffte, dass Mathissen Weihrauch etwas über seine Ermittlungen im Zusammenhang mit den Glasaalen erzählt hatte.

Sie sah den Mann jetzt auf sich zukommen, er kam vom Vereinsgelände und reichte ihr die Hand.

»Frau Vogelsang?«

»Ja.«

»Weihrauch.«

»Schön, dass Sie Zeit für mich haben.«

Über einen schmalen Weg gelangten sie auf eine Terrasse. Grill und Tisch standen neben einem eingeklappten Sonnenschirm. Weihrauch hob zwei Stühle aus einem Stapel und stellte sie an den Tisch, bat Vogelsang, Platz zu nehmen, ob sie einen Kaffee wolle. Sie nickte und Weihrauch verschwand im Inneren des Hauses. Es war ein grauer Flachdachbau, über dessen Tür ein aus Holz geschnitztes Wappen angebracht war: Zwei Fische sprangen gleichzeitig aus dem Wasser und versuchten nach einem Angelköder zu schnappen. Sie kannte es schon von der Website.

»Milch oder Zucker?«, rief Weihrauch aus dem Inneren.

»Milch, kein Zucker.«

Kurz darauf kam er mit zwei Tassen zurück, stellte eine vor Vogelsang und setzte sich.

»Sie waren bei der Beerdigung«, sagte er.

Vogelsang nickte.

»Also kannten Sie Lars gut?«

»Wir haben in einigen Fällen zusammengearbeitet.«

»Schlimme Sache, das Ganze.« Weihrauch trank einen Schluck Kaffee und sah dann über die Terrasse zum Main. »Lars war einer der Ruhigen, hat sich nie in den Vordergrund gedrängt. Und seit Anne, also, ich meine ... seit dem Tod seiner Frau, da wurde er noch stiller.« Weihrauch presste die Lippen zusammen und drehte seine Tasse. »Ich meine, dass Sie jetzt hier sind, das bedeutet doch, dass es kein Unfall war, oder?«

»Es bedeutet, dass wir nichts ausschließen«, sagte Vogelsang. Sie war nicht hier, um mit Weihrauch zu spekulieren. »Was können Sie mir über Aale sagen, Sie als Experte?«

»Dass es ihnen verdammt schlecht geht.« Weihrauch richtete sich auf. Er wirkte erleichtert, dass Vogelsang das Thema wechselte. »Auf natürliche Weise kommen die hier kaum noch vor, die würden hier gar nicht mehr überleben bei den ganzen Raubvögeln und Kraftwerken und Turbinen. Wir setzen jedes Jahr rund vierzigtausend Jungaale aus, in der Hoffnung, dass ein paar die erste Zeit überleben.«

Aale ließen sich nicht züchten, deshalb, so Weihrauch, würden die jungen Glasaale vor den Küsten Frankreichs und Spaniens abgefischt, in Farmen aufgezogen und dann weiterverkauft, damit sie in den Binnengewässern ausgesetzt werden konnten.

»Der Lebenszyklus eines Aals ist verdammt fragil. Die schlüpfen in der Sargassosee, in der Nähe der Bahamas, und dann schwimmen die Larven, man nennt sie Weidenblattlarven, bis an die europäischen Küsten. Das dauert an die drei Jahre und am Ende sind sie Glasaale, etwa acht Zentimeter lang, durchsichtig. Sie ziehen dann vom Atlantik weiter die großen Flüsse hinauf, bis zu uns.«

So ein Aal könne in Gefangenschaft schon mal hundert Jahre alt werden, aber die meisten zögen so ab dem fünfzehnten Lebensjahr zurück in die Sargassosee, dahin, wo sie geboren wurden.

»Die stellen dann komplett das Fressen ein und leben nur noch von ihren Fettreserven. Dann laichen sie ab und sterben.« Weihrauch trank seinen Kaffee mit einem großen Schluck leer. »So weit zur Theorie. Es klingt paradox, aber ohne uns, also ohne uns Menschen, gäbe es hier keine Aale mehr, und gleichzeitig sind wir auch für ihren Niedergang verantwortlich. Yin und Yang, die zwei Enden einer Wurst, nennen Sie es, wie Sie wollen.«

»Wir haben scheinbar Spaß daran, immer wieder über unsere eigenen Füße zu stolpern.« Vogelsang lächelte und Weihrauch nickte. »Aber noch mal zu den Glasaalen.« Sie sah Weihrauch an. »Es hat sich da mittlerweile ein illegaler Handel entwickelt, obwohl die Tiere europaweit geschützt sind. Hat Mathissen Ihnen gegenüber irgendwann mal erwähnt, dass er in diese Richtung ermittelt?«

»Lars hat mir nur davon erzählt, dass er am Flughafen einen Schmuggler festgenommen hat.«

Vogelsang nickte.

»Er hat mir auch ein paar Fotos gezeigt«, sagte Weihrauch. »Die Koffer präparieren sie mit Styropor und legen Flaschen mit Eis rein. Die Kälte senkt die Stoffwechseltätigkeit der Aale. Außerdem können sie über die Haut atmen, also werden die Beutel nur mit wenig Wasser gefüllt und mit Sauerstoff aufgepumpt. So überleben die meisten Jungaale die Reise.«

Weihrauch sah sie an. Seine Wangen waren gerötet, er wusste nicht so recht, was er mit seinen Händen anfangen sollte, umfasste immer wieder die Tasse, zupfte an seinem Hemd herum.

»Ich denke, dass Lars da in irgendwas reingeraten ist«, sagte er leise. »Ich will dem Lars nichts Böses, aber wer weiß, auf was er sich eingelassen hat. Es sind da zuletzt abends ein-, zweimal ein paar komische Typen bei uns am Clubhaus gewesen und haben sich hier umgesehen. Sind sofort weg, als ich sie ansprechen wollte.«

»Können Sie sie beschreiben?«

Weihrauch schüttelte den Kopf.

»Nein, nicht wirklich. Zu weit weg und es war schon dämmrig, tut mir leid.«

»Und Sie meinen, die wollten zu Mathissen?«

»Beschwören würde ich es nicht. Lars selbst hat dazu nichts gesagt, als ich ihn gefragt habe. Viel erzählt hat er ja nie, er war ein Stiller, was ja beim Angeln auch von Vorteil ist, wenn man die Klappe halten kann. Aber als ich gehört habe, dass der Lars tot sein soll, ertrunken im Main, da habe ich mich wieder an die Typen erinnert, die da draußen herumgeschlichen sind und von denen Lars angeblich nichts wusste.«

»Können Sie sich vorstellen, dass er mit den Schmugglern gemeinsame Sache gemacht hat?«

Weihrauch zuckte mit den Schultern.

»Ich hoffe nicht«, sagte er leise.

Vogelsang trank den letzten Rest Kaffee und stand auf.

Mathissen ein Überläufer? Nein, das wollte, das konnte sie nicht glauben. Und wenn es doch so wäre, würde ihr das wirklich den Stecker ziehen. Bei der ganzen Scheiße da draußen, bei all den Lügnern und Blendern, Aufschneidern und falschen Freunden waren es Leute wie Mathissen, die Vogelsang immer noch an das Gute glauben ließen und ihr die Kraft gaben, ihren Job zu machen. Sie war nicht naiv und wusste, dass es nicht nur Gut und Böse gab, dass auch immer wieder Leute aus dem Apparat der Versuchung von Geld und Macht erlagen und sich kaufen ließen, aber Mathissen, da war sie sicher, Mathissen gehörte nicht dazu.

Weihrauch begleitete sie zum Tor. Vogelsang gab ihm ihre Karte.

»Danke für Ihre Zeit und den Kaffee«, sagte sie.

»Ich hoffe, Sie nehmen mir meine Offenheit nicht übel«, sagte Weihrauch und betrachtete die Visitenkarte. »Mich nimmt die Sache ganz schön mit. Wenn es jemand ist, den man kennt, und plötzlich steht der in der Zeitung, das ist doch was anderes.«

»Ja, da haben Sie recht.« Vogelsang war nicht besonders gut darin, Trost zu spenden.

Sie ging zu ihrem Rad, setzte sich den Helm auf und schwang sich auf den Sattel. Weihrauch stand am Tor und blickte ihr nach. Sie rollte zu ihm.

»Nochmals danke.«

»Sie melden sich, wenn Sie ihn haben«, sagte er.

»Ihn?«

»Lars' Mörder.«

10

Ihr Vater klang ruhig, fast sachlich. Mutter sei ins Krankenhaus gekommen und werde wahrscheinlich noch in der Nacht operiert. Vogelsang richtete sich in ihrer Liege auf. Eigentlich hatte sie vorgehabt, noch ein oder zwei Gläser Wein zu trinken, mit Mika einen Film zu schauen und dann ins Bett zu fallen; sie hatten den Sonntag größtenteils vertrödelt, lange geschlafen, gekocht, etwas im Garten herumgewurstelt, ohne sich zu sehr dabei anzustrengen. Ihre Oberschenkel taten ihr noch von der Tour gestern weh. Marx war ebenfalls hochgeschreckt und hatte seine Krallen ausgefahren, die sich jetzt schmerzhaft in ihren Oberschenkel bohrten. »Scheiße«, rutschte es ihr raus. Ihr Vater schwieg, sie hörte ihn atmen.

»Was ist passiert?«

»Sie ist ... vom Apfelbaum ... sie ist da runtergefallen.«

»Vom Apfelbaum?«

»Ja.«

»Wieso, ich meine, wie kommt Mama auf den Apfelbaum?«

»Sie ist die Leiter hoch.«

»Und was hat sie?«

»Fraktur im Oberschenkel, mehr weiß ich nicht. Sie röntgen gerade.«

»Wo seid ihr?«

»Uniklinik.«

»Mensch, Papa ...« Vogelsang scheuchte Marx von ihrem Schoß. Der Kater verfluchte sie mit zu Schlitzen verengten Augen und trollte sich. Sie stand auf, ging hoch auf die Terrasse.

»Ich komme. Soll ich noch irgendwas mitbringen?«, fragte sie.

»Nein. Ich fahre später nach Hause und hole ein paar Sachen.«

»Bis gleich.«

Sie legte auf und sah zu den Beeten, die im Abendlicht zu glühen schienen. Warum konnte diese Scheiße nicht einfach mal aufhören? Was hatte sie dem Universum denn getan? Ihr schossen die Tränen in die Augen und sie ballte beide Hände zu Fäusten. Sie hörte Mika, das Geräusch seiner Badelatschen. Er blieb hinter ihr stehen. Ob alles okay sei.

»Fuck!« Sie drehte sich um.

Mika kaute auf irgendetwas herum.

»Mama ist im Krankenhaus.«

»Was ist passiert?«

»Ist vom Apfelbaum gefallen.«

»Vom Apfelbaum? Was macht sie im Apfelbaum?«

»Keine Ahnung. Ich fahr jetzt zu ihr.«

»Soll ich mit?«

»Ne, lass mal, das dauert sicher.«

»Du rufst mich an, wenn ihr was braucht.«

Vogelsang zog sich im Schlafzimmer um. Sie gab Mika einen flüchtigen Kuss, dann ging sie durch den Garten zum Auto, kurbelte die Fensterscheibe runter und schaltete das Radio ein. Sie brauchte jetzt irgendetwas Lautes. Rage Against The Machine oder so was. Aber es lief nur der übliche Chartbrei, und sie schaltete das Radio wieder aus.

Wie immer blickte sie einigermaßen erstaunt hoch zum Walgerippe in der Eingangshalle der Uniklinik – so nannte sie die Installation aus weißen Stäben, die an Drähten von der Decke hingen und sie an eines der Skelette aus dem Senckenberg Museum erinnerte. Ihr Vater hockte auf einem der weißen Plastiksitze in der Notaufnahme. Vogelsang umarmte ihn.

»Sie operieren erst morgen«, sagte er und setzte sich wieder. »Aber sie bleibt trotzdem hier.«

»Ist doch besser so.«

Ihr Vater zuckte nur die Schultern. Dann kannst du mal schlafen, dachte Vogelsang, aber sie wusste, dass er vor lauter Grübelei kein Auge zukriegen würde.

»Es ist nicht deine Schuld«, versuchte sie es.

»Die verdammte Leiter.« Ihr Vater flüsterte jetzt fast. »Ich hätte sie da nicht ...«

»Du kannst nichts dafür, Papa. Du kannst euch nicht ewig einsperren.«

Er nickte, aber sie wusste, dass er ihr nicht glaubte.

Die Königin wurde auf den Flur geschoben, beide standen auf. Der Vater sprach mit dem Arzt, während sich Vogelsang zu ihrer Mutter beugte.

»Mama«, sagte sie leise.

»Ich war dumm, ich weiß, aber versteh doch, er wollte unbedingt den Apfel. Und du weißt ja, dass ich ihm keinen Wunsch abschlagen kann, das weißt du.«

Vogelsang nickte.

»Ich muss jetzt nach Hause, Greta. Ich muss jetzt in mein Bett und schlafen, denn mein Bein tut weh, und wenn ich schlafe, dann wird auch mein Bein wieder heil werden, also gehen wir jetzt, Greta?«

»Wir gehen gleich.«

»Was redet der Alfred denn die ganze Zeit, er ist so schrecklich laut.«

»Papa redet mit dem Arzt. Du hast ein kaputtes Bein.«

»Wir müssen jetzt nach Hause.«

»Ja, wir gehen gleich.«

Sie ließ sich von einem jungen Typen im Rollstuhl eine Zigarette und Feuer geben und unterhielt sich einige Sätze mit ihm. Er sei von einem dieser beschissenen E-Roller voll auf die Fresse geflogen, habe sich die Nase gebrochen und irgendwie den Fuß verdreht. Er grinste. »Und bei dir?«

»Meine Mutter liegt dadrin. Ist vom Apfelbaum gefallen.«

»Oh Mann. Also, ich hasse ja Krankenhäuser. Wenn ich selbst drin bin, ist es ganz okay, aber als Besucher, also, wenn jemand dadrin liegt, den man liebt oder so, echt beschissen.«

Vogelsang nickte. Ihr wurde etwas übel, aber sie wusste, dass es gleich vorbei war, dann würde der leichte Tabakrausch einsetzen. Sie brauchte das jetzt. Es war Viertel nach neun. Ihr Smartphone vibrierte schon wieder. Sie zog es aus der Tasche und ging ein paar Schritte. Sie würde Mika sagen, dass es noch etwas dauern würde. Papa war gerade noch oben. Sie hatten die Königin auf Station geschoben, in ein leeres, dunkles Zweierzimmer. Die Krankenpflegerin war nett gewesen, sie hatte sogar ein paar Worte Spanisch mit der Königin gesprochen, und diese hatte laut gelacht.

Uwe leuchtete ihr auf dem Display entgegen.

Was um alles in der Welt. Sonntagabends.

»Uwe?«

In der Leitung rauschte es nur. Hatte er sie aus Versehen angerufen, merkte es gar nicht? Sie hörte Stimmen, eine Sirene.

»Uwe!«

»Greta?«

»Was ist los? Bist du besoffen?«

»Kann sein.«

»Kann sein. Hast du Dienst?«

»Hab ich doch immer, Greta, hab ich immer. Der Fähndrich schläft nie.« Er lachte jetzt, und es klang mechanisch hohl. »Stör ich dich? Ich meine, bist du gerade … stör ich?«

»Ist schon okay.«

»Ich hab mich umgehört, wegen Mathissen.«

»Und?«

»Nichts.«

»Nichts was?«

»Na, nichts eben. Niemand aus der Szene. Die würden nie einen wie Mathissen, einen vom Zoll. Zumindest nicht einfach so. Das gibt immer richtig Beef. Da hat keiner Bock drauf. Müssen Amateure gewesen sein.«

Uwes Straßenfunk. Irgendwo in den 90ern hängen geblieben. So was wie einen Kodex gab es doch schon lange nicht mehr.

»Und deswegen rufst du mich an. Wegen nichts?«

»Wegen fast nichts.«

»Fast nichts?«

»Wir konnten den unbekannten Toten identifizieren, der, der in der Baugrube gefunden wurde. Du hast davon gehört?«

»Ja, hab ich.« Sie erinnerte sich schwach an die Meldung, die sie in der hessenschau-App gelesen hatte. »Und?«

»Ein Luan Zhenyun, sechsundzwanzig, ledig. Vermutlich erwürgt. Er ist kein Unbekannter, wurde vor einiger Zeit wegen Schmuggel am Flughafen verhaftet. Dachte, das interessiert dich.«

Vogelsang schwieg, es rauschte in ihren Ohren. Luan Zhenyun! Mathissen war also der richtigen Spur gefolgt. Und jetzt hatte sie einen zweiten Toten, der in Verbindung zu Mathissens Fall stand. Verdammt.

»Bist du noch da?«

»Ja, bin ich.«

»Ist alles okay bei dir?«

»Noch so eine Woche, und ich kündige.«

»Ich würde dich vermissen, ehrlich.«

»Danke, Uwe.«

»Da nicht für. Ich lass dich jetzt wieder … na ja, egal, wir sehen uns.«

»Ja, mach's gut.«

Sie legte auf. Der junge Mann im Rollstuhl war verschwunden. Ihr war noch immer flau im Magen und sie hatte einen beschissenen Geschmack im Mund. Sie sah zum Eingang. Der Wal bewegte die Schwanzflosse. Er holte noch einmal Luft, dann tauchte er wieder ab, hinunter in die dunkle Tiefe des Ozeans.

Sandra Brandt sah gut aus, als Greta sie am nächsten Tag in der Kantine traf, gesunde Gesichtsfarbe, die dunkelblonden Haare zu einem straffen Pferdeschwanz gebunden. Sie trug ein perfekt sitzendes Kostüm, trotz der Hitze. Startklar ab Montagfrüh. Vogelsang hatte Brandt am Morgen kurzfristig angerufen und gefragt, ob sie mit ihr mittagessen gehen wolle. Nun saßen sie sich an einem der Zweiertische gegenüber, zwischen all den schwatzenden Staatsanwälten und Richtern, vor sich jeweils eine Portion Reis mit Hühnerfrikassee. Geschirr klapperte, jemand lachte hell. Brandt stocherte in ihrem Essen herum, offenbar mit den Gedanken woanders, dann sah sie auf. In ihrem Blick lag nicht jene Zuversicht, jenes Selbstbewusstsein, das Vogelsang erwartet hatte, sondern eine Spur von Verwirrung, Ratlosigkeit. Brandt blinzelte ein paarmal nervös.

»Wir haben das Ufer abgesucht. Wir haben mit den Anglern gesprochen, aber keiner war an dem Abend in der Nähe, und die Kippenstummel haben auch nichts eingebracht. Wir sind kein Stück weitergekommen.«

Vogelsang nickte.

»Du kennst die Artikel?«, fragte Brandt.

»Hab's nur kurz überflogen.«

Die Rundschau und die Frankfurter Neue Presse hatten Wind von der Sache bekommen, davon, dass der Tote aus dem Main ein Zollfahnder war und die Behörden bei den Ermittlungen nicht wirklich vorankamen, und Artikel veröffentlicht. Und ein Boulevardblatt hatte getitelt: *Wer hat da gepennt? Ermittlungen um toten Zollfahnder stecken fest.* Vogelsang kannte das Spiel, die Jagd nach der guten Story, die Suche nach Fettnäpfchen, und auch wenn sie es wurmte, versuchte sie, es auszublenden. Brandt dagegen schien das alles mehr mitzunehmen.

»Manchmal ist es wie vernagelt und dann kommt auch noch Pech dazu«, sagte Brandt. »Der Spruch ist von dir.«

»Ich weiß.«

Brandt sah auf. Etwas in Vogelsangs Stimme hatte sie aufhorchen lassen.

»Oder hast du was Neues?«

Vogelsang legte ihre Gabel zur Seite und wischte sich mit der Serviette über den Mund. Sie überlegte, wie sie am besten beginnen sollte. Nach dem Besuch bei Weihrauch hatte sie heute Morgen eine neue Akte geöffnet, erste Notizen hinzugefügt, die Infos aus dem Gespräch mit Weihrauch. Betreff: Gewerbsmäßiger Schmuggel von Glasaalen. Das Restaurant erwähnte sie dabei noch nicht, genauso wenig wie die Frau, der sie ihre Karte gegeben hatte.

»Was weißt du über Luan Zhenyun, den Toten aus der Baugrube?«, fragte Vogelsang und lehnte sich zurück.

»Nicht viel. Kaum Spuren, jedenfalls bisher nichts Verwertbares. Er wurde erdrosselt, mit einem Draht oder Ähnlichem. Wir haben das Bild an die Presse gegeben, ein Freund hat ihn dann identifiziert. Er hat diesen Luan aber schon seit über einem Jahr nicht mehr gesehen, obwohl der bei ihm in Darmstadt offiziell gemeldet war. Sonst wissen wir nichts über ihn. Warum fragst du?«

»Mathissen hat Luan Zhenyun vor ein paar Wochen am Flughafen verhaftet, wegen der illegalen Ausfuhr von Glasaalen. Weil es aber keine Beweise für bandenmäßigen Schmuggel gab, habe ich ihn wieder freigelassen.«

»Und du glaubst, dass es da eine Verbindung gibt? Zwischen Mathissens Tod und diesem Luan?«

Vogelsang nickte, zögerte aber, direkt zu antworten. Ihr Wissen im Fall Mathissen beruhte zu einem großen Teil auf den Notizen, die sie von Franziska bekommen hatte, und sie würde erklären müssen, wie sie an diese gekommen war. Aber schlussendlich war Franziska an sie herangetreten und hatte ihr die Sachen ausgehändigt, ihr alles freiwillig überlassen.

»Ja, die gibt es. Ich habe von Mathissens Tochter Aufzeichnungen bekommen, in denen Mathissen den Namen Luan Zhenyun erwähnt, in Verbindung mit einem Restaurant in Kelsterbach. Es geht da, wie gesagt, um den Schmuggel von Glasaalen nach Asien, die Margen sind ziemlich hoch.«

Brandt nickte. Vogelsang wusste, dass sowohl Mathissen als auch Luan Brandts Fälle waren, und Brandt entschied, welchen Spuren sie folgen, wie weit sie die Ermittlungen führen würde. Und sie wusste auch, dass Brandt unter Druck stand, standen die Jungen immer, und jetzt mischte auch noch die Presse mit, da wollte sie alles richtig machen.

»Schon möglich, dass es da eine Verbindung gibt.« Brandt trank einen Schluck. »Aber das klingt doch auch merkwürdig, findest du nicht? Luan Zhenyun war ein kleiner Schmuggler, der Ärger bekommen hat. Und ja, Mathissen war an seiner Verhaftung beteiligt. Aber das muss doch nichts mit Mathissens Tod zu tun haben. Da müssten wir ja alle seine Fälle der letzten Jahre prüfen, ob es da irgendwo was Auffälliges gibt.«

»Ja, stimmt schon, wirklich konkret ist das nicht«, sagte Vogelsang, »es ist mehr so ein Gefühl.«

Brandt sagte nichts, nickte nur. Sie nahm ihr Tablett und stand auf.

»Wollen wir noch in den Park?«, fragte sie.

Sie gingen durch die Friedberger Anlage in den Bethmannpark. Der Wasserpavillon, der vor zwei Jahren abgebrannt war, befand sich gerade im Wiederaufbau. Brandt rauchte eine Mentholzigarette, Vogelsang hatte abgelehnt. Hinter den Mauern des Parks, zwischen den Stauden und Bäumen, war es still und etwas kühler.

»Wäre schön, dich noch im Team zu haben«, sagte Brandt.

»Glaubst du wirklich?«

»Ja, glaube ich.«

»Ich würde euch allen ziemlich auf die Nerven gehen.«

»Wenn's was bringt.« Brandt lächelte schmal. »Weißt du, ich habe das Gefühl, ich muss alles doppelt so schnell und doppelt so gründlich machen, ich meine, die Sache mit Mathissen, alle erwarten da schnelle Ergebnisse. Und jetzt auch noch die Presse.«

»Mir ging es am Anfang genauso. Einfach ruhig und sauber weiterarbeiten, dann kann einem keiner was.«

Brandt blieb stehen.

»Ich will keine Fehler machen. Jetzt, wo Wassermann-Schlotz die Leitung hat, habe ich ganz gute Chancen, glaube ich, er kann mich ganz gut leiden.« Sie zog an ihrer Zigarette, sah sich um. »Ich sag ja auch gar nicht, dass an deiner Vermutung nichts dran ist, es erscheint mir alles nur sehr vage, damit komme ich nicht weit. Aber wenn du irgendwas zu Mathissen oder Luan herausfindest, ich meine, etwas, das wirklich belastbar ist, was die Fälle verbindet, dann würde uns das alle weiterbringen.«

Eine Hand wäscht die andere. Vogelsang wollte lächeln, verzog aber nur den Mund. Brandt war schon ganz gut im Geschäft, schien es.

Sie gingen zu einer Bank in der Nähe des Teichs und wollten sich gerade setzen, als Brandts Smartphone summte. Sie nahm ab und ging einige Schritte. Dann bedeutete sie Vogelsang, dass sie zurückmusste. Sie machte mit Daumen und kleinem Finger eine Telefongeste, Vogelsang nickte und setzte sich allein auf die Bank. Sie sah Brandt nach, die mit gespannten Schritten den Weg entlangschritt und bald verschwunden war. Vogelsang streckte die Beine aus und schloss die Augen.

Hinter den Parkmauern brummte der Verkehr. Vogelsang erinnerte sich gut an ihre ersten Jahre in der Abteilung für Kapitalverbrechen. Jedem Scheiß hatte sie hinterherrennen müssen, man hatte sie ständig auf die Probe gestellt und ihr jeden kleinen Fehler aufs Brot geschmiert. Sie hatte aus gutem Grund darauf geachtet, ihre politische Vergangenheit zu verbergen, und erzählte den Leuten nur von ihrer Zeit auf Föhr, wo sie Vögel und Robben beobachtet hatte.

Ziemlich schnell hatte sie damals auch kapiert, dass weder langes Arbeiten noch Gründlichkeit noch Disziplin oder Buckeln weiterhalfen, dass es immer auch mit ihrer Herkunft zu tun hatte, weshalb man sie auflaufen ließ. Ihr Vater, seit Jahrzehnten stilles SPD-Parteimitglied, ohne sich je in die Politik eingemischt zu haben oder selbst aktiv zu werden, hatte ihr von Anfang an die Illusion vom schnellen Aufstieg auszureden versucht. Er befürwortete ihr Jurastudium und ihren Wunsch, Anwältin zu werden, gleichzeitig versuchte er ihr schonend beizubringen, dass sie anders behandelt werden würde, dass man sie strenger beurteilen, härter prüfen würde; sie war ein Kind aus einem Arbeiterhaushalt, Proletarierin, und auch wenn ihrem Vater früh aufgefallen war, wie mühelos sie es mit anderen aufnehmen konnte, wie klug sie war, welche Kräfte sie besaß, so wusste er doch, dass allein die Tatsache, das Herz auf dem rechten Fleck und einen starken Willen zu haben, noch gar nichts bedeutete. Trotzdem versuchten er und ihre Mutter sie zu unterstützen, soweit es ihnen möglich war.

Manchmal bedeutete das für Vogelsang, die eigene Herkunft zu verleugnen. Als Tochter einer Verkäuferin und eines Straßenbahnfahrers war sie oft die Fremde gewesen, auf dem Gymnasium und danach während des Studiums. Sie konnte nie angeben mit Urlaubsreisen und Klamotten, sie kannte die versteckten Codes nicht, sie wusste nicht, wie man sich auf Partys und Empfängen verhielt, wie man sprechen und sich geben musste, um an lukrative Praktika und Referendariatsstellen zu kommen. Schließlich hatte sie es aufgegeben, den anderen nachzueifern und sich seitdem auf ihren Instinkt verlassen. Der war nicht immer zuverlässig, auch sie machte Fehler, trotzdem hatte sie sich mit ihrer Verbissenheit und gleichzeitigen Fähigkeit, hinter die Dinge zu blicken, über die Jahre einen gewissen Ruf erarbeitet. Zöllner schätzte sie, und er tat es nicht aus Mitleid.

Auf dem Weg zurück rief ihr Vater an. Die Operation sei gut verlaufen, Mama schlafe jetzt. Vogelsang versprach, gleich morgen vorbeizuschauen. Zurück im Büro zog sie sich die Schuhe aus und stand in dünnen Socken eine Weile am Fenster bei der Calla, sortierte ihre Gedanken. Die Sache mit Mathissen war verworren, und es kam ihr so vor, als würden alle gleichzeitig an verschiedenen Stellen zerren, in der Hoffnung, das richtige Ende erwischt zu haben. Hatte sie sich verrannt? Sah sie überall Zeichen, die gar keine waren? Und warum war sie sich so sicher, dass Mathissen einer von den Guten war? Vielleicht hatte er irgendwann aufgegeben, vielleicht hatte er eines Tages begriffen, dass er nichts ausrichten konnte, dass die Netzwerke und Schmugglerringe einfach immer weitermachten, wie Pilze aus dem Boden schossen, sobald es irgendwo etwas zu verdienen gab, und dann genauso schnell und geräuschlos wieder verschwanden. Vielleicht hatte Mathissen auch einmal auf der Seite der Gewinner stehen wollen. Vielleicht hatte er sich in Dinge hineinziehen lassen, die er irgendwann nicht mehr kontrollieren konnte.

Sie musste sich auf die Sache mit den Glasaalen konzentrieren, etwas anderes blieb ihr gar nicht übrig.

Auf dem Heimweg ließ sie sich Zeit. Sie nahm den Radweg am Sachsenhäusener Ufer, unterhalb des Schaumainkais. Oben an der Straße reihten sich wie an einer Perlenkette die Museen aneinander, Deutsches Filmmuseum, Museum für Kommunikation, Liebighaus und natürlich das Städel, das regelmäßig mit spektakulären Ausstellungen für Aufsehen sorgte, zuletzt war es Van Gogh gewesen; Mika und sie hatten damals den Fehler gemacht, an einem Samstagnachmittag hinzugehen, sie hatten über eine Stunde in der Schlange gestanden und später von den eigentlichen Bildern kaum etwas in Ruhe sehen können, weil sich die Menschentrauben plappernd und mit dem Audioguide in den Ohren durch die Räume schoben.

Ab der Friedensbrücke lieferte sie sich dann ein Wettrennen mit einem E-Bike-Fahrer, das sie so sehr amüsierte, dass sie den Tag schnell aus dem Kopf bekam. Sie hatte den Mann an der Uniklinik überholt, aber schon kurz vor der Main-Neckar-Brücke setzte er sich wieder vor sie, leuchtend gelber Radhelm, eng anliegendes Trikot, den Lenker voller Radcomputer und Navigeräte. Komischerweise wurde er langsamer, sodass Vogelsang auf Höhe des Licht- und Luftparks wieder an ihm vorbeizog, ehe er sie dann wieder auf der Mainfeldstraße überholte und sich nach ihr umsah. Vogelsang lächelte und nickte ihm zu. Er schüttelte den Kopf. Beim Feuerwehrschiff wollte sie erneut an ihm vorbei, aber er zog im letzten Moment in die Spurmitte. Vogelsang bremste, reihte sich hinter ihm ein und hörte deutlich, wie der Typ vor ihr trotz E-Antrieb keuchte. Kurz vor der Europabrücke schoss sie aus dem Windschatten und ließ ihm keine Chance mehr. Er rief ihr etwas hinterher, Vogelsang flog die Rampe zur Brücke hinauf und hob die Hand zum Abschied.

Mit dem Fuß drückte sie die Gartentür auf, und sofort konnte sie das helle Miauen von Engels hören, der sie längst erspäht hatte und sich durch die Beete näherte. Mika war also noch nicht da. Sie streichelte Engels, wartete auf Marx, doch der kam nicht. Sie konnte den Kater aber hören, sein lang gezogenes Miau von der Terrasse. Sie stellte ihre Tasche ab und ging die Stufen hinauf. Dort vor der Terrassentür saß Marx vor einem durchsichtigen Gefrierbeutel und versuchte, das Ding mit der Pfote zu bewegen. Der Kater sah zu ihr auf und miaute einmal lang und kläglich.

»Was hast du denn da, mein Guter«, sagte Vogelsang und ging in die Knie. Sie griff nach der Tüte – und sah in das seltsam hämische Grinsen eines glänzenden Aalschädels. Kurz blieb ihr die Luft weg. Sie richtete sich wieder auf, sah in den Garten, zur Straße. Niemand war zu sehen. Sofort musste sie an den Aal in Mathissens Kühlschrank denken. Sie kramte den Hausschlüssel aus der Tasche und ging hinein, in die Küche, legte den Beutel mit dem Aalkopf in die Spüle und griff zum Telefon. Uwe nahm nach dem dritten Tuten ab.

»Frau Staatsanwältin, was kann ich für Sie tun?«

»Man hat mir einen Gruß aus der Küche vor die Tür gelegt.«

»Hast du was getrunken?«

»Sollte ich vielleicht tun. Da lag ein Aalkopf auf meiner Terrasse.«

»Ein was?«

»Ein Aalkopf.«

»Welcher Lieferdienst bringt denn so was?«

»Sag du's mir, du bist der Ermittler.« Vogelsang lehnte sich an die Spüle. »Kannst du morgen Vormittag kurz bei mir im Büro vorbeischauen? Ich würde das Ding gern von der KTU untersuchen lassen. Ich glaube nicht, dass Marx oder Engels den Fisch angeschleppt haben, der liegt nicht zufällig da. Mathissen hatte auch so einen im Kühlschrank.«

»Ich komme vor meiner Schicht.«

»Danke, Uwe.«

Vogelsang packte den Aalkopf in den Gefrierschrank, ganz nach hinten, wo ihn Mika nicht finden würde. Sie hatte keine Lust darauf, ihm die Sache zu erklären, und noch weniger wollte sie, dass er sich Sorgen machte, was dann unweigerlich wieder in Vorwürfen und Streit enden würde. Seit sie die Abteilung gewechselt hatte, war auch Mika etwas ruhiger geworden, aber noch immer tat er sich schwer damit, dass ihr Job manchmal gewisse Unannehmlichkeiten – sie vermied das Wort Gefahren – mit sich brachte.

Sie trank einen Schluck Milch direkt aus der Packung. Da hatte jemand offenbar wirklich etwas zu verlieren, fühlte sich in die Enge getrieben. Sie dachte an das Restaurant, an die junge Frau dort, dachte an den Namen Luan Zhenyun, an die Fotos von den Koffern voller Glasaale. Wie hatte sie nur glauben können, Mathissen sei ein Überläufer? Fuck. Sie musste jetzt ruhig bleiben, die Sache mit dem Aalkopf nicht zu ernst nehmen, aber auch nicht verharmlosen. Irgendwo hatte sie noch eine Dose Pfefferspray, die würde sie ab morgen mitnehmen.

»Greta?«

Sie fuhr herum. Uwe stand in der Tür zu ihrem Büro, verschwitzt und keuchend.

»Was ist denn mit eurem beknackten Aufzug los?«

»Mal wieder kaputt, schätze ich.«

Vogelsang richtete sich auf, strich sich das Haar aus der Stirn.

»Danke fürs Kommen«, sagte sie, und sie gingen zusammen in die Teeküche, wo Vogelsang den Kühlschrank öffnete und den Beutel mit dem Aal aus dem Gefrierfach holte.

»Aha, das Corpus Delicti«, sagte Uwe, nahm den Beutel und sah sich den Inhalt an. »Und das lag vor deiner Tür?«

»Auf der Terrasse, ja.«

Uwe kratzte sich am Kinn. Er ging zum Fenster, öffnete es und zog sich eine Zigarette aus der Packung.

»Du willst hier jetzt nicht rauchen.«

»Quak«, sagte Uwe und zündete sich die Zigarette an, lehnte sich aus dem Fenster. »Ich muss nachdenken.«

»Ich will, dass die KTU den Beutel untersucht.«

»Das ist ein stinkender Fischkopf!«

»Ist doch kein Zufall, dass dieses Ding vor meiner Tür lag. Mathissen war da an einer Sache dran, Schmuggel von Glasaalen, der hatte ja selbst einen in seinem Kühlschrank. Und jetzt die gleiche Nummer bei mir. Da fühlt sich jemand bedroht, würde ich sagen.«

»Du warst in Mathissens Wohnung?«

»Seine Tochter hat mich darum gebeten. Er hat einiges zusammengetragen, Notizen über Schmuggel, ein internationales Netzwerk, über ein Restaurant in Kelsterbach und über Luan Zhenyun. Und jetzt das Ding hier. Das sind doch keine Zufälle, Uwe, das musst du doch sehen.«

»Du machst aus zwei Fischköpfen gleich ein internationales Schmuggelnetzwerk.«

»Zhenyun hatte acht Kilogramm Jungaale im Koffer. Was soll er denn damit? Laut Mathissens Recherchen ist Zhenyun in den letzten Monaten mehrmals nach Hongkong geflogen, immer mit zwei großen Koffern. Und jetzt erzähl mir nicht, dass der nur seine Verwandten besuchen wollte.«

Uwe brummte irgendwas Unverständliches. Dann begann er zu husten, Vogelsang reichte ihm ein Glas Wasser.

»Die bringen doch nicht wegen ein paar Fischen einen Zollfahnder um.« Uwe japste etwas nach Luft, stieß auf.

»Und wenn ich dir sage, dass die mit den Glasaalen ähnliche Gewinnmargen erzielen wie im Waffen- und Drogenhandel?«

»Ich würde sagen: Oha!«

»Genau, mein Lieber.«

Uwe trank aus und griff nach dem Paket.

»Ich lasse das untersuchen.« Er wollte noch etwas sagen, aber brachte es nicht heraus, stockte, sah auf seine Schuhe. Vogelsang hatte einen galligen Geschmack im Mund.

»Ich bin auf deiner Seite, Greta«, sagte Uwe, sah kurz auf, drehte sich um und ging.

»Du meldest dich, wenn du was hast«, rief sie ihm nach.

»Zu Befehl, Frau Oberstaatsanwältin!«, hörte sie seine Stimme aus dem Gang, dann fiel eine Tür ins Schloss und es war wieder still.

11

Paul

Monoton trommelte der Regen aufs Autodach. Die Boxen kamen kaum dagegen an, die Musik war fast nicht zu hören. Immer mal wieder gab es einen dumpfen Donnerschlag, dann zuckte Patricia jedes Mal zusammen und lächelte. Paul wusste, dass sie Gewitter nicht abkonnte. Er fummelte an seinem Sitz herum und ließ ihn noch etwas weiter nach hinten fahren. Durch die Frontscheibe war das Schloss zu erahnen, die fetten, im Regen glänzenden Mauern. Ein Baum bog sich in einer Windböe. Warum konnte nicht mal das Wetter einen Tag lang zu ihm halten und einfach nur blauen Himmel, Sonne und einen lauwarmen Abend liefern? Er zog die Weinflasche zwischen seinen Füßen hervor und schenkte ihnen noch mal ein.

Dabei hätte es ein perfekter Tag werden sollen.

Patricia war fünfundzwanzig geworden. Er hatte sich am Morgen nichts anmerken lassen, war vor ihr um halb fünf aufgestanden, hatte Frühstück gemacht und die Rosen ausgepackt, die er am Tag zuvor gekauft hatte, sie in eine Vase gestellt. Dann hatte er sie wachgeküsst und dabei leise ein Geburtstagslied gesummt, *joyeux anniversaire*. Sie hatten zusammen gefrühstückt, dann hatte er Patricia in die Klinik gefahren und gesagt, er würde sie nach ihrer Schicht wieder abholen, er habe eine Überraschung für sie.

Er hatte eingekauft, hatte im Keller die alte Kühlbox gefunden und dort das Essen reingepackt. Er hatte eine Decke auf die Rückbank geworfen, ein paar Rosenblätter verstreut. Er hatte ihr zeigen wollen, dass er sie liebte und nicht einer dieser Idioten war, die den Geburtstag ihrer Freundin vergaßen oder ihr eine dümmliche Handtasche schenkten.

Schloss Oudon lag nordöstlich von Nantes, mit dem Auto waren es etwa fünfundvierzig Minuten. Er war früher ein paarmal mit seinen Eltern dort gewesen, sie hatten eine Führung mitgemacht, danach hatte er an der Loire mit einem Stock auf die Uferböschung eingedroschen und sich vorgestellt, es seien Drachen und feindliche Ritter. Er hatte allen die Köpfe abgeschlagen und war siegreich nach Nantes zurückgekehrt.

Patricia hatte ihn mehrmals gefragt, wohin sie fahren würden, aber er hatte den Mund gehalten. Lass dich mal überraschen. Aber schon da hatte er immer wieder verstohlen hinausgeblickt, und was er dort sah, machte ihn wütend. Dunkle Wolkenbänke, die mit jedem Kilometer noch dunkler wurden. An alles hatte er gedacht, bloß an das Scheißwetter nicht. Er war davon ausgegangen, dass es sonnig sein würde, so wie in den letzten Tagen auch. Er war davon ausgegangen, dass ihm keiner diesen Tag vermasseln würde.

Aber es war nicht nur das Wetter.

Seit er von zu Hause los war, hatte er das Gefühl, verfolgt zu werden, so eine komische Ahnung. Da war dieser dunkle Wagen, schon in Nantes war er da gewesen, hatte wie er am Krankenhaus gehalten und war ihm dann auf die Autobahn gefolgt. Auch nach der Abfahrt in Richtung Schloss war er noch hinter ihnen gewesen. Erst dann hatte Paul ihn aus den Augen verloren. Wahrscheinlich war es nichts, wahrscheinlich war er einfach nur maximal gestresst.

»Hast du auch Badesachen dabei?« Patricia sah ihn über den Rand ihres Glases an. Und er musste so ernst, so verstört geguckt haben, dass sie plötzlich in lautes Gelächter ausbrach. Sie konnte ihr Glas kaum ruhig halten.

»Sorry.« Sie japste nach Luft. »Aber ich glaube, das ist der beste Geburtstag ever.« Sie packte ihn am Hemd und zog ihn zu sich. »Jetzt schau nicht so traurig, küss mich lieber.«

Und er küsste sie.

Er hatte geplant, vor dem Schloss auf der Wiese mit ihr zu sitzen, Wein zu trinken, Schokolade, Käse und Brot zu essen und später vielleicht noch runter an die Loire zu gehen, den Sonnenuntergang anzugucken, ein paar Fotos machen. Sie sollte diesen Tag in guter Erinnerung behalten.

»Ist irgendwie typisch«, sagte er leise und sah verstohlen zum Fenster raus.

»Was ist typisch?«

»Das Wetter, der Regen, das alles. Typisch für Paul Matin. Kriegt nichts auf die Reihe.«

»Jetzt hör mal auf. Du kannst doch nichts fürs Wetter.«

»Doch, anscheinend schon.«

Patricia zog die Brauen zusammen.

»Du badest ja gerade schön in Selbstmitleid.«

»Ich wollte halt einen schönen Tag mit dir, an deinem Geburtstag.«

»Ja, das weiß ich. Und er ist ja auch schön.«

»Einen Scheiß ist er.«

»Schön auf seine Weise.«

Ein Blitz zuckte, dann grollte der Donner. Der Regen war jetzt so stark, dass draußen alles verschwamm. Bei seinem Glück würde es gleich noch durchs Dach regnen. Wenigstens waren sie hier drin sicherer als sonst irgendwo.

»Wäre halt schön, es würde mal was klappen«, sagte er.

»Jetzt tu nicht so, als ob du der totale Pechvogel wärst.«

Er zuckte nur mit den Schultern.

»Einen Job kann jeder verlieren, das macht dich doch nicht zum Loser.«

Paul sah wieder raus in den Regen. Loser, sie hatte das Wort gesagt. Loser. Genau das war er, ein Loser, ein Idiot, über den alle lachten. Und plötzlich sah er Samy vor sich, wie er da neben seinem neuen BMW stand und ihn angrinste, ihm zuzwinkerte: Na, immer noch nichts auf die Reihe gekriegt, immer noch in der alten Karre unterwegs, mit den kaputten Sneakern? Was ist bloß los mit dir, Mann!

»Ich hab halt das Gefühl, ich dreh mich im Kreis.«

»Du hattest doch einen neuen Job in Aussicht, was ist denn damit?«

Paul nickte, sagte dazu nichts.

»Und?«

»Und was?«

»Was ist mit dem Job?«

Er zuckte mit den Schultern.

»Hast du dich da überhaupt beworben?«

»Ja, schon, hab ich. Ich warte noch auf einen Rückruf, also dass sie mir sagen, ob es klappt oder nicht.«

Er sagte nicht, dass es Samys Anruf war, auf den er wartete. Er sagte ihr auch nicht, dass er Samy schon zweimal wegen dem Job angerufen hatte, der ihn aber jedes Mal abwimmelte, er würde sich melden. Was er bis heute nicht getan hatte.

Patricia atmete hörbar aus.

»Ich meine, klar trittst du auf der Stelle, du musst dich halt von selbst bewegen. Da kommt keiner und macht das für dich.«

»Schon klar.«

»Anscheinend ist das nicht so klar.«

»Ich versuch's ja!«

Seine Stimme war lauter, als er eigentlich gewollt hatte. Er starrte aufs Lenkrad. Patricia nahm seine Hand.

»Du musst mir nichts beweisen, Paul«, sagte sie. »Ich liebe dich, das ist alles.«

»Sorry«, sagte er leise. »Ich liebe dich ja auch.«

»Lass uns nicht streiten, okay? Ist doch grad so gemütlich hier.«

Sie sahen sich an. Patricias Mundwinkel begannen zu zucken, und dann prusteten beide los.

Patricia hatte keine Lust mehr auf Kino gehabt, keine Lust auf eins der Cafés in der Stadt, die sich nach dem Gewitter schnell wieder gefüllt hatten, keine Lust auf den Park, weil dort überall Äste herumlagen und die Wiesen noch nass waren. Also hatten sie Pizza bestellt und sie auf dem Balkon gegessen, dazu Wein getrunken. Am Samstag würde Patricia mit ihren Freundinnen ausgehen, alle hatten sich das Wochenende extra freigehalten und wollten es dann richtig krachen lassen.

Jetzt lag Patricia neben ihm, den Kopf auf seinen Beinen, und döste. Er saß vor dem stumm geschalteten Fernseher und merkte, wie ihm der rechte Fuß langsam einschlief. Aber er traute sich nicht, sich zu bewegen. Er scrollte durch Instagram, las ein paar Meldungen in der Sport-App und überlegte, noch ein oder zwei Spiele auf der Playstation zu machen. Dann poppte eine Nachricht von Samy auf. Es war ein Bild, das Samy vor seinem BMW zeigte. Er hielt neue weiße Adidas-Sneakers in die Kamera und grinste dabei. »Kleine Shoppingtour«, schrieb Samy. Paul schickte einen »Daumen hoch«.

– Bock auf Angeln?

– Wann?

– Morgen?

Patricia hatte Spätschicht.

– Kann ab drei.

– Dann hole ich dich um vier.

Paul warf das Smartphone neben sich aufs Sofa und gähnte.

Patricia wurde wach, richtete sich auf und blickte sich verstört um.

»Wie spät ist es?«, fragte sie.
»Halb zwölf.«
»Hab ich richtig geschlafen?«
»Hast du.«
Sie fuhr sich durch die Haare, stand auf. Einige Augenblicke blieb sie regungslos im Zimmer stehen, ihre Haut schimmerte im schwachen Licht, das von den Straßenlaternen hereinfiel. Dann kam sie zu Paul zurück und begann sich auszuziehen.

Paul hatte sich wieder die Sonnenbrille aufgesetzt. Das Licht war einfach zu grell, die Spiegelungen auf dem Wasser machten einen fast blind. Er ließ die Beine über dem Wasser baumeln. Samy stand neben ihm auf dem schmalen Steg, seine Spinnrute in den Händen, die er immer wieder auswarf, einholte, auswarf. Es war das erste Mal seit Ewigkeiten, dass sie wieder zusammen angelten. Früher hatten sie das regelmäßig gemacht, waren meistens freitag- oder samstagabends runter an den Fluss gegangen, ein paar Sandwiches und Bier unterm Arm, und hatten bis weit nach Mitternacht am Wasser gehockt, die große Welt herbeigelabert und geträumt. Um die Fische war es nie gegangen. Es sollte hier riesige Welse geben, meterlange Aale, es gab Lachse, Zander und Nasen. Ab und zu zogen sie mal eine Forelle raus, aber das war mehr Glück als Können.
»Hast du überhaupt noch deinen Angelschein?«, fragte Paul.
Er sah zum Parkplatz am Ufer, auf den gerade ein schwarzer Wagen einbog, der dann langsam weiterrollte. Sofort hatte er wieder dieses merkwürdige Gefühl, dass er beobachtet wurde. War das derselbe Wagen, der gestern so lange hinter ihnen hergefahren war auf dem Weg zum Schloss?
Samy hockte sich neben ihn und klemmte sich die Rute zwischen die Beine. Dann zog er seinen Angelschein aus der Tasche und zeigte ihn Paul.

»Zufrieden, Monsieur Kontrolleur?«

Samy gab Paul die Rute und begann, einen Joint zu bauen. Paul behielt den Wagen im Blick. Sicher nur ein paar Angler oder jemand, der mal pinkeln musste. Aber der Wagen hielt nicht, fuhr langsam weiter und verschwand hinter dem Schilf.

»Was ist da?«, fragte Samy.

»Nichts.«

»Wegen dem Job«, sagte Samy, während er das Paper mit der Zunge anfeuchtete. »Hast noch Interesse?«

»Ja, klar.«

»Ich hab mit meinem Boss geredet und der hat gesagt, ich soll dich mal mitbringen.«

»Okay«, Paul hatte sich die ganze Zeit gefragt, wie er Samy noch mal auf das Thema mit dem Job bringen konnte, ohne ihn damit zu nerven. Und jetzt fing Samy selbst damit an. Manchmal ging es dann doch von allein.

Samy zündete den Joint an und zog kräftig daran, stieß eine mächtige Rauchwolke aus.

»Du arbeitest erst mal im Lager, die Transporter beladen.« Samy hustete und gab Paul den Joint. »Ist doch ein Anfang, oder?«

Samy blinzelte. Irgendwas an seiner Stimme war anders, sie war weicher. Aber so schnell wirkte das Gras nicht.

»Warum sagst du nichts?«

»Ich überlege.«

»Ich dachte, du willst einen neuen Job und weg von Scheiß-Carrefour. Und jetzt biete ich dir einen neuen Job. Was musst du da noch lang überlegen? Kannst gutes Geld verdienen.«

»Ja, stimmt schon.« Paul gab Samy den Joint zurück.

Er spürte einen leichten Zug an der Leine und begann an der Spule zu drehen. Aber schon wurde die Leine wieder schlaff. Samy zog ein Bündel Geldscheine aus seiner Hosentasche und hielt sie Paul vor die Nase.

»Ich hab meinem Boss gesagt, hab da einen guten Mann an der Hand, richtig schlaues Köpfchen, und er eben gleich so, bring den mal mit, wir brauchen hier schlaue Köpfe.« Samy zog zwei Hunderteuroscheine aus dem Bündel. »Kleine Anzahlung. Dafür, dass wir es ernst meinen. Ich nehm dich demnächst mit, da gehen wieder Lieferungen raus, da fahre ich auch.«

Es war Ewigkeiten her, dass Paul einen Hunderteuroschein in der Hand gehabt hatte. Er fragte sich, warum Samy auf einmal so anders war. Erst hatte er ihn ständig abgewimmelt, so, als wollte Samy nicht, dass er den Job bekam, und jetzt bot er ihm sogar Geld an, obwohl er noch gar nichts gemacht hatte.

»Gibt's da irgendeinen Haken? Wegen dem Geld?«

»Kein Haken. Du kannst es einfach nehmen und musst gar nichts machen. Aber wenn du mitkommst, gibt's noch viel mehr davon.«

»Okay.«

»Jetzt nimm schon. Das ist eine Sache, bei der kannst du nur gewinnen. Oder warum hab ich jetzt 'ne neue Karre und neue Schuhe?«

Vielleicht hatte Samy ja recht, und er hatte wirklich mal Glück. Dann hatte sich das Warten endlich mal gelohnt. Er nahm das Geld und steckte es ein.

»Danke. Und wo fährst du hin?«

»Keine Ahnung, vielleicht Deutschland, krieg das immer erst kurz vorher gesagt. Aber die wissen, dass sie sich auf mich verlassen können.«

Paul blinzelte hinter seiner Sonnenbrille.

»Ich hol dich ab«, sagte Samy.

Seine Stimme schien aus einem Rohr zu kommen.

»Ja, gut«, sagte Paul.

Er legte sich auf den Rücken, spürte das warme Holz unter sich, hörte das Glucksen des Wassers. So ganz traute er Samy immer noch nicht. Andererseits war er sein Freund. Und Freunde halfen sich. Vor allem, wenn es dem einen mal besser ging und dem anderen nicht so. Würde er auf jeden Fall auch so machen.

Paul richtete sich auf.

Samy kurbelte an der Spule.

»Hab was.« Er grinste.

Sie standen auf. Da schlug wirklich was im Wasser. Paul spürte Aufregung, seine Hände begannen zu kribbeln. Die Rute bog sich.

»Scheiße, das muss ein Riesenvieh sein«, rief Samy.

Dann schoss der Fisch an der Leine aus dem Wasser.

»Los, pack ihn, pack ihn!«, kreischte Samy.

Paul versuchte es, aber das Ding rutschte ihm durch die Hände.

»Jetzt mach schon!«

Samy riss die Angel zur Seite und der Fisch flog auf den Steg, zappelte wie verrückt. Paul stürzte sich auf ihn, kriegte ihn mit beiden Händen zu packen, drückte ihn runter.

»Was ist das?«

»Forelle, schätze ich.«

Sie beugten sich über den Fang.

Paul spürte die Zuckungen, und schlug da nicht auch ein Herz, rasend schnell? Samy befreite den Fisch vom Haken.

»Und jetzt?« Paul sah auf.

»Mach ihn kalt.«

»Und wie?«

»Du musst ihn totschlagen, keine Ahnung.«

Es war Pauls Herz, das wie wild schlug. Es waren seine Muskeln, die zuckten.

Er richtete sich auf, hielt den Fisch fest umklammert in den Händen, dann holte er mit beiden Armen aus und schleuderte die Forelle zurück in den Fluss.

»Unser schönes Abendessen«, rief Samy. Und noch bevor Paul etwas tun konnte, stürzte er sich auf ihn.

Samy nahm ihn in den Schwitzkasten und drückte ihn runter auf den Steg. Dabei jammerte er gespielt: »Wir werden verhungern! Wir werden verhungern!« Paul presste Samy seine rechte, nach Fisch stinkende Hand ins Gesicht, und Samy ließ ihn prustend los.

»Da hast du dein Essen!« Paul rang nach Luft.

Sie hockten nebeneinander, grinsten sich an.

»Willst du auch ein Bier?« Samy rappelte sich auf. »Ich hab den ganzen Kofferraum voll damit.«

12

Mian

Sie schlief fast im Stehen ein.

Seit ihrer Rückkehr aus Hongkong hatte Mian keine Nacht mehr richtig geschlafen. Abends war sie todmüde, wachte gegen halb vier aber wieder auf, ging zur Toilette, alles begann sich zu drehen, die Wände neigten sich ihr entgegen, und sie musste das Fenster aufreißen, um nicht zu ersticken. Dann stand sie eine Weile am offenen Fenster und sah hinunter in den Hof, über den Zaun zu den Nachbarhäusern. Sie dachte über die Worte des Mannes nach. Dass er sie von hier wegbringen würde. Sie hatte sich schon seit einiger Zeit nicht mehr bei Hao gemeldet, vielleicht aus Angst, vielleicht wollte sie sich nicht länger der Hoffnung hingeben, es würde eines Tages doch noch klappen, ihre Träume würden sich erfüllen und sie würde neben ihrer Tante auf dem Steg stehen und hinaus auf den See blicken.

Stattdessen war sie hier, in diesem stickigen Zimmer, und dachte krampfhaft darüber nach, wie sie an Wangs kleines Notizbuch kommen konnte. Sie kannte das Ding, er trug es ständig mit sich herum, schrieb etwas hinein, schob es sich in die Gesäßtasche seiner grau verwaschenen Hose. Er ließ das Notizbuch so gut wie nie unbeaufsichtigt liegen, nicht eine Sekunde; es war ein altmodisches Notizbuch, mit schwarzem Einband und linierten Seiten, so viel hatte sie gesehen. Wahrscheinlich schlief Wang auch damit, wenn er denn überhaupt mal schlief.

Sie bereitete gerade das Mittagsbüfett vor, deckte die Tische ein, als Sheng sie rief. Sie solle zu Wang ins Büro, sagte er leise und deutete mit einer Kopfbewegung an, dass sie jetzt rübergehen solle, jetzt sofort. Seit Luan verschwunden war, half Sheng ihr mittags und abends im Service, aber während sie zu den Gästen musste, um die Bestellungen entgegenzunehmen, stand er nur hinter der Theke und kümmerte sich um Getränke und Rechnungen.

Mian nickte und ging an der Theke vorbei zum Büro. Die Tür war angelehnt, sie klopfte. Nichts war zu hören. Sie schob die Tür einen Spalt weit auf und sah hinein; das Büro war nicht besonders groß, gerade so, dass ein Schreibtisch hineinpasste, eine Zimmerpflanze und ein Aktenschrank. Wang nutzte keinen Computer und besaß auch kein Smartphone. Anrufe erledigte Sheng für ihn. Alles andere schrieb Wang in sein schwarzes Buch. Und genau das sah sie jetzt auf dem Schreibtisch liegen. Sie hielt kurz die Luft an. Aber wie um alles in der Welt sollte sie es denn anstellen? Sie konnte das Buch nicht einfach nehmen und in ihrem Zimmer verstecken, Wang würde das ganze Restaurant auf den Kopf stellen, um es wiederzufinden. Sie würde sofort damit abhauen müssen.

Sie öffnete die Tür ganz und ging hinein.

Es roch nach Männerfurz und billigem Aftershave. Die Zimmerpflanze neigte sich traurig und schwer zur Seite. Zwei Kaffeetassen standen auf dem Schreibtisch, eine davon war noch halb gefüllt. Die Seiten des Notizbuches waren aufgequollen, als seien sie einmal nass gewesen und wieder getrocknet. Sie beugte sich vor, streckte die Hand aus und schlug eine Seite auf. Akkurat untereinander aufgelistete Zahlenreihen. Worte in Chinesisch, die sie nicht lesen konnte. Sie blätterte um. Waren das Telefonnummern? Sie konnte den Namen Hongkong lesen, weitere Namen, die ihr nichts sagten, Nantes, Aginaga, San Sebastian.

Schritte im Gang.

Schnell schloss sie das Buch, versuchte es genauso hinzulegen wie zuvor und trat einen Schritt zurück.

Wang schlurfte herein.

»Was machst du hier?«

»Ich sollte kommen.«

Er nestelte an seinem Gürtel herum, blieb neben dem Schreibtisch stehen, schaute erst auf das Notizbuch, dann zu ihr. Hatte er bemerkt, dass sie im Buch gelesen hatte, dass es anders lag als zuvor? Wusste er vom Geld, das die Männer ihr gegeben hatten und das sie in der schwarzen Reisetasche unter ihrem Bett aufbewahrte?

Wang setzte sich, nahm das Notizbuch und blätterte darin.

»Es kommt wieder eine Lieferung«, sagte er, ohne sie anzusehen. »Du gehst gleich mit Sheng runter und bereitest die Becken vor.« Er legte das Buch auf den Tisch. »Und nächste Woche fliegst du. Zwei Koffer. Mike ist informiert. Und jetzt hol mir noch einen Kaffee.«

Mian nickte und verließ das Büro.

Sie folgte dem Uferweg entlang des Mains, zurück zum Restaurant. Sie hatte den Nachmittag frei, war bei dm gewesen und hatte ein paar Sachen besorgt, Deo, Duschgel. Sie achtete weder auf die Radfahrer, die sie in rasendem Tempo überholten, noch auf die Kinder, die am Ufer standen und kreischend Steine ins Wasser warfen. Sie fühlte sich wie betäubt, war todmüde und hatte Kopfschmerzen. Die Arbeit im Keller war anstrengend gewesen. Sheng war ungeduldig, kommandierte sie herum, schubste sie, obwohl sie sich alle Mühe gab, es richtig zu machen, die Bassins ordentlich zu schrubben, das Wasser gleichmäßig einlaufen zu lassen. Es hatte nach Fisch gestunken, und auch jetzt noch bekam sie den Geruch nicht aus der Nase, hatte das Gefühl, er sitze ihr direkt unter der Haut.

Sie spürte keinen Schmerz, keine Verzweiflung, sondern nur dieses eigentümliche Gefühl wie unter Wasser zu leben, alles war gedämpft, weit weg von ihr.

Sie blieb stehen, sah den Hang hinauf. Dort oben gab es schöne Häuser, von deren Balkone man einen weiten Blick über den Fluss hatte. Das wünschte sie sich auch. Einen ruhigen Ort mit Blick übers Wasser. Doch sie lebte in einem kleinen, stickigen Zimmer, umgeben von bleichen, hohlwangigen Gesichtern. Vielleicht hatten die Männer vom Flughafen auch Luan angesprochen. Vielleicht hatten sie ihm auch gesagt, er solle das Buch besorgen und ihm dafür Geld gegeben. Und jetzt war er verschwunden, von einem auf den anderen Tag.

Sie stand oberhalb des Flusses an der Bundesstraße. Wenn sie sich nicht beeilte, würde sie zu spät zur Abendschicht kommen. Sie ging durch die Ausdünstungen einer Tankstelle und weiter entlang der S-Bahn-Linie. Als sie einmal im Schatten eines Gebäudes stehen blieb, wurde ihr schwindelig. Sie hatte heute kaum etwas gegessen und merkte jetzt, wie hungrig sie war. Eigentlich wollte sie nicht zurück, aber sie wusste nicht, wohin sie sonst sollte. Sie kannte niemanden außerhalb des Restaurants, traute sich nicht, Fremde anzusprechen, wandte den Blick ab, wenn sie angesehen wurde.

Auf der Fußgängerbrücke über den Gleisen blieb sie erneut stehen. Sie schwitzte, hatte einen trockenen Mund. Ein Güterzug rauschte unter ihr durch. Sie konnte die Vibrationen im ganzen Körper spüren, lehnte sich etwas vor, starrte hinunter auf den Schotter, auf die glänzenden Schienenstränge. Was für Optionen hatte sie denn noch? Wang war misstrauisch, das Notizbuch unerreichbar. Und mit dem Geld, das sie gespart hatte, würde sie nicht weit kommen, solange Wang ihren Pass hatte. Tränen schossen ihr in die Augen. Was hatte sie denn noch zu erwarten?

Sie zog ihr Smartphone aus der Hosentasche und rief die eingespeicherte Nummer auf: Greta Vogelsang, Staatsanwaltschaft Frankfurt. Der Name verschwamm vor ihren Augen. Sie blinzelte ein paarmal, dann wählte sie die Nummer. Das Tuten kam ihr unerträglich laut vor.

»Vogelsang.«

»China Town Restaurant. Ich habe Informationen.«

»Um was geht es?«

»Um Fische, um die Aale.«

»Die sind im Restaurant?«

»Im Keller. Bald kommt mehr. Ganz bald kommt mehr.«

Mian drückte den roten Knopf, blickte sich um. Hatte da gerade noch jemand gestanden und war dann schnell die Treppe runter? Aber jetzt war es zu spät, sie hatte es getan. Sie musste zurück ins Restaurant.

Sie eilte die Treppen hinunter, stolperte. Das Blut in ihren Schläfen hämmerte. Sie bemerkte den Wagen erst, als es schon zu spät war.

Der dunkle Kombi bremste scharf neben ihr, eine Tür flog auf und ein Mann sprang heraus. Er packte sie, zerrte sie ins Auto, die Tür wurde zugeschlagen und der Wagen raste davon. Jemand zog ihr einen schwarzen Sack über den Kopf, nahm ihr das Smartphone ab. Sie strampelte kurz, verlor beide Flipflops. Zwei Arme umschlangen sie, drückten sie runter. Sie atmete panisch in den Stoff.

Das also hatten sie mit Luan gemacht.

Und jetzt würde es ihr genauso ergehen.

13

Paul

Paul musste raus, musste einen klaren Kopf kriegen. Das ging in der aufgeheizten Wohnung nicht. Er hatte versucht, sich mit Fernsehen abzulenken, hatte fahrig ein Spiel in FIFA auf der Playstation verloren, schließlich hatte er zwei Gläser Wein getrunken, in der Hoffnung, das würde ihn irgendwie entspannen, aber er bekam davon nur ein fieses Ziehen im Magen. Bis Patricia heimkommen würde, dauerte es noch Stunden. Und weiter rumsitzen konnte er nicht. Also schlüpfte er in seine Sneakers, schob sich das Smartphone in die Hosentasche und verließ die Wohnung.

Er startete den Wagen, ließ das Fenster runter und schaltete das Radio an. Arabischer Pop. Dann fuhr er Richtung Süden durch die Stadt, trommelte zur Musik aufs Lenkrad. Warum hatte er sich schon wieder in so eine beschissene Situation gebracht, er kapierte es einfach nicht. Alles, was er wollte, war ein Job, bei dem man nicht der größte Arsch war, ein Job, der gut Geld brachte und einen sonst nicht nervte; anstrengend konnte es sein, damit hatte er keine Probleme, aber er wollte dabei fair behandelt werden, seinen gerechten Teil bekommen. Der Job, den ihm Samy angeboten hatte, schien das auch zu sein, eine faire Sache, gutes Geld.

Bis die Bullen aufgetaucht waren.

Er folgte der D 107 in westliche Richtung, bog nach ein paar Kreisverkehren in die Uferstraße ein und parkte den Wagen. Er hatte Lust, einen durchzuziehen, hatte aber kein Gras. Nach ihrer Angelaktion hatte ihn Samy gleich am nächsten Abend zum

Probearbeiten mitgenommen. Die Leute waren okay gewesen, der Chef schweigsam, aber er hatte ihn bar auf die Hand ausbezahlt, nachdem Paul wie vereinbart den Lieferwagen beladen hatte. Der Boss hat gar nicht über dich geredet, ist ein gutes Zeichen, hatte Samy später gesagt und ihm am nächsten Morgen eine SMS geschickt: Bist dabei. Halt dich bereit, melde mich, wenn's losgeht.

Und dann waren die Bullen aufgetaucht. Sie hatten ihn vor seiner Wohnung abgefangen. Zwei Typen in Zivil, unscheinbar. Der eine hatte die ganze Zeit geredet, der andere nur danebengestanden und dumm geguckt, als sei er bloß ein Praktikanten-Bulle. Paul hatte gar nicht richtig mitgekriegt, was der Typ geredet hatte, irgendwas von strafbaren Handlungen, illegalem Geld, Schmuggelware. Er hatte sich gefragt, ob es wegen des bisschen Haschs war oder ob Samy wieder irgendeine Scheiße gebaut und diesmal auch seinen Namen genannt hatte. Aber das war es nicht. Der Bulle redete von dem Geld, das er von Samy genommen hatte. Das sei illegales Geld, und sie würden ihn vor den Richter schleifen, und der würde ihn in den Bau schicken, weil er anscheinend irgendwo mit drinhing. Der Mund des Zivilbullen war eine einzige Maschine gewesen, schmale Lippen, schiefe Vorderzähne, eine heftige Maschine, die Worte rausfeuerte, die für Paul überhaupt keinen Sinn ergaben.

Nur eine Sache hatte er sofort verstanden: Sie wollten, dass er die anderen verpfiff, dass er zum Verräter wurde!

Er ging runter an den Fluss. Ein paar Angler waren da. Er hockte sich hin, sah auf die glitzernde Wasserfläche und kniff die Augen zusammen. Hier war es gut. Hier hatte er das Gefühl, ruhiger zu werden, sich irgendwie dem trägen Fließen anzupassen. Ein paarmal schon hatte er daran gedacht, sich eines der Motorboote zu klauen, die da am Steg lagen, und einfach abzuhauen. Nicht Richtung Meer, sondern flussaufwärts, immer tiefer rein ins Land, ein Land, das er kaum kannte. Irgendwo ganz neu anfangen. Aber natürlich war das Schwachsinn, so was gab es nur in Filmen, keiner konnte so einfach aus seiner Haut, keiner.

Die Bullen hatten ihm eine Telefonnummer gegeben. Er solle sich melden, wenn ihn Samy das nächste Mal wegen der Arbeit anriefe. Das sei seine einzige Chance. Oder wolle er, dass seine Freundin von der ganzen Sache erfahre, wolle er, dass sie aufs Revier kommen müsse, um als Zeugin auszusagen?

Da hätte er am liebsten zugeschlagen. Patricia ging die einen Scheißdreck an. Aber er hatte sich nur auf die Lippe gebissen, und die beiden Typen waren abgezogen.

Seitdem fragte er sich, in was für eine Sache ihn Samy da reingezogen hatte, was da illegal sein sollte. Das hatte alles ganz normal ausgesehen, eine normale Halle, runtergekühlt wegen der Lebensmittel, die da gelagert wurden und die er kistenweise in die Lieferwagen packte, normale Leute, zwei oder drei Gabelstapler. Was war verdammt noch mal verboten daran, Kisten in einen Lieferwagen zu packen und dafür Geld zu bekommen? Was war verboten daran, einem Freund zu vertrauen?

Andererseits, irgendwas musste dran sein an der Sache, sonst wären die Bullen nicht bei ihm aufgetaucht und hätten ihn vollgelabert, sonst hätten sie ihm nicht die Telefonnummer gegeben und mit Knast gedroht. Und das war das Letzte, was er wollte: in den Knast gehen. Dann wäre er Patricia endgültig los, sie würde ihn aus der Wohnung werfen und seine Nummer löschen, sie würde sagen, ich hab dir immer gesagt, halt dich von Samy fern, jetzt komm selbst klar! Er sah ihr Gesicht vor sich, ihre vor Wut leuchtenden Augen. Vielleicht war alles auch nur ein Bluff, aber was für eine Wahl hatte er denn schon?

Mit einem Schlag wäre alles kaputt.

Er kaute nervös auf seiner Unterlippe. *Glück*, das war ein Wort, das nur die anderen aussprechen durften. Wenn er es sagte, dann hörte es sich an wie *Gluck*, wie jemand, der gerade am Absaufen war. Und das war er, ständig damit beschäftigt, den Kopf über Wasser zu halten, nicht abgetrieben zu werden.

Er stand auf, kickte einen Stein ins Wasser, dann ging er zum Wagen zurück. Auf dem Rückweg würde er bei Aldi vorbeifahren und fürs Abendessen einkaufen.

Als er in der Kassenschlange stand, begann sein Smartphone zu vibrieren. Es war Samy.

»Was gibt's?«

»Heute Abend«, sagte Samy. »Du übernimmst die Spätschicht. Ich hol dich ab.«

Paul zögerte.

»Bist du noch dran?«

»Ja, bin ich.«

»Bin um sieben bei dir. Warte unten, damit wir gleich loskönnen.«

»Okay.«

»Bis dann.«

»Ja, bis dann.«

Zwei Tomaten kullerten ihm plötzlich zwischen die Beine. Er drehte sich um, aber niemand schien die Dinger zu vermissen.

Er hatte Kartoffelgratin und Salat gemacht, aber nur wenig davon gegessen. Die Schale schob er wieder zurück in den Backofen, Patricia konnte sich das Essen später noch mal warm machen. Er schrieb ihr eine kurze Nachricht: *Bin gleich noch arbeiten. Essen steht im Backofen. Liebe dich.* Er duschte, obwohl er das eigentlich erst nach der Schicht machen wollte, aber rumsitzen und auf Samy warten konnte er auch nicht. Patricia reagierte mit einem Herz, wahrscheinlich war sie wieder im Stress und konnte nicht ausführlicher antworten.

Nach dem Duschen saß er auf dem Balkon und ließ sich von der Sonne die Haare trocknen, trank aus einer Literflasche Sprite und wartete darauf, dass ihm irgendjemand sagen würde, was er jetzt tun sollte. Aber da war niemand. Er hielt sein Smartphone in der Hand, fuhr über die gesplitterte Stelle auf dem Display.

Er stand auf, ging hinein. Auf dem Tisch lag die Karte der Bullen mit der Nummer.

Kurz nach fünf.

Irgendwie den Kopf aus der Schlinge ziehen.

Er stand vor dem Tisch, seine Hände zitterten. Immer wieder strich er mit dem Daumen über die gesplitterte Stelle seines Telefons.

14

Vogelsang war sofort klar gewesen, wen sie da am anderen Ende der Leitung gehabt hatte. Die junge Frau aus dem Restaurant. Wenn sie das Ganze richtig verstanden hatte, würde in den nächsten Tagen eine neue Lieferung kommen. Noch mehr Glasaale? Es war alles sehr schnell gegangen und die Frau hatte leise und gebrochen gesprochen, so als stehe sie unter Druck.

Vogelsang setzte sich, atmete durch, überlegte. Sie musste sofort eine Observation des Restaurants veranlassen, griff zum Telefon, um Köster anzurufen, als ihr Smartphone erneut zu vibrieren begann. Sie nahm ab.

»Vogelsang, Staatsanwaltschaft Frankfurt.«

Niemand sprach. Sie glaubte, ein leises Atemgeräusch zu hören.

»Hallo, sind Sie noch da? Können Sie mir ein paar genauere Angaben machen? Can you give me some more specifics? Hello?«

Aber da brach das Gespräch wieder ab. Vogelsang wählte die Nummer, hörte aber nur das Freizeichen. Sie schrieb sich die Zahlen auf einen Zettel, vielleicht konnte Uwe damit was anfangen. Sie sah auf die Uhr. Sie musste jetzt rüber ins Hauptgebäude zu Zöllner, der kurzfristig eine Besprechung einberufen hatte, um sich mit allen Beteiligten im Fall Mathissen abzustimmen, sprich: um Druck zu machen. Wahrscheinlich bekam er selbst welchen von ganz oben, vielleicht aus dem Ministerium, nachdem jetzt auch die Presse nachhakte und Fragen stellte.

Vogelsang spürte, dass Bewegung in die Sache kam. Und der Anruf änderte einiges. Endlich hatte sie das fehlende Puzzleteil, den Beweis dafür, dass es da Verbindungen gab, zwischen Mathissen, Luan, dem Restaurant, den Aalen. Das waren alles keine merkwürdigen Zufälle, sondern das, was Mathissen immer vermutet hatte: die Spuren zu einem international operierenden Schmugglerring. Sie würde sich von Zöllner nicht mehr mit irgendwelchen Ausreden abspeisen lassen.

Vogelsang schnappte sich ihr Smartphone und verließ das Büro.

Es gab sicher schönere Orte als diesen nüchternen Raum mit den Möbeln aus der Justizvollzugsanstalt und den kleinen Mineralwasserflaschen auf dem Tisch, den Zöllner für die Besprechung gewählt hatte. Obwohl sie fünf Minuten zu früh ankam, waren Brandt und Zöllner schon da und schienen auf sie gewartet zu haben. Ein junger Mann, den sie noch nie gesehen hatte, saß ebenfalls mit am Tisch. Vogelsang machte sich eine Flasche Mineralwasser auf und trank.

»Schönes Wochenende gehabt?«, versuchte sich Zöllner im Small Talk.

»Geht so. Meine Mutter ist im Krankenhaus.«

»Oh, hoffentlich nichts Ernstes.«

»Fraktur im Oberschenkel. Wird schon wieder.«

Sie setzte sich. Brandt war noch in eine Akte vertieft, schaute einmal auf und lächelte.

Zöllner legte sein Diensthandy auf den Tisch.

»Ich hole jetzt gleich Frau Köster dazu, sie konnte so kurzfristig nur per Telefon. Ihr kennt euch?«

Vogelsang nickte. Brandt schüttelte den Kopf.

»Hallo, Frau Köster? Können Sie mich hören? Frau Köster?«

Einige Augenblicke Stille.

»Frau Köster?«

»Ich höre Sie.«

»Ah, wunderbar. Wir sind jetzt auch fast komplett. Oberstaatsanwältin Vogelsang kennen Sie bereits. Mit am Tisch sitzt Frau Brandt von der Abteilung Kapitalverbrechen, sie leitet die Ermittlungen im Fall Mathissen, Referendar Tobler schreibt Protokoll. Später wird noch Hauptkommissar Fähndrich dazustoßen.«

Vogelsang sah auf, zu Brandt. Sie hatte Uwe ebenfalls einbestellt? Hatte sich etwas im Fall Luan ergeben?

»Also, wir fangen an«, fuhr Zöllner fort. »Schön, dass Sie es alle einrichten konnten, so kurzfristig. Wie schon gesagt, der Fall Mathissen. Mir ist wichtig zu betonen, dass wir hier eine sehr gründliche und intensive Ermittlungsarbeit führen, nicht nur, aber auch weil Mathissen ein Kollege war. Sie kennen sicher alle die Presseartikel. Nicht schön, aber wir lassen uns dadurch nicht aus der Ruhe bringen. Um was es mir heute geht: um die Bündelung von Kompetenzen und Informationen, soll heißen: Wir müssen hier noch enger zusammenarbeiten, Ermittlungserkenntnisse teilen, das ist ausbaufähig.«

Vogelsang lehnte sich zurück. Was Zöllner eigentlich sagen wollte: Sie waren bisher einfach nicht richtig aus dem Quark gekommen, und jetzt bekam er Anrufe und Mails, die Presse wollte Infos, aber er hatte nichts, nur einen toten Zollfahnder und viele ungeklärte Fragen.

Köster räusperte sich und setzte zu einer Antwort an.

»Der Fall Mathissen liegt seit ein paar Tagen bei Ihnen und es ist wenig passiert. Wir sind sehr interessiert an einer zügigen Ermittlung und Ihre bisherige, wie soll ich das nennen, Ruhe erstaunt mich etwas.«

Vogelsang konnte sich gut vorstellen, dass es der eigenwillige Mathissen und seine nicht minder resolut auftretende Chefin Köster nicht ganz einfach miteinander gehabt hatten.

»Wir sind hier durchaus der Meinung, dass der Tod von Mathissen etwas mit seiner Arbeit zu tun hatte«, fuhr Köster fort.

»Wir vermuten, dass er kurz davor war, ein Schmuggelnetzwerk zu enttarnen. Und die Ermittlungen unserer französischen Kollegen scheinen das auch zu bestätigen.«

Zöllner räusperte sich, sah zum Fenster, so, als fühle er sich ertappt.

»Deshalb ja jetzt unser Treffen hier«, sagte er. »Was für Informationen aus Frankreich haben Sie?«

»Ich habe mich in den letzten Tagen mit meinen alten Kollegen vom Gemeinsamen Zentrum in Kehl ausgetauscht. Von ihnen weiß ich, dass der französische Zoll gerade eine größere Aktion vorbereitet, in Bezug auf die illegale Ausfuhr von Glasaalen aus der Europäischen Union. Sie gehen davon aus, dass sich das Netzwerk nicht nur auf Frankreich beschränkt, sondern auch in der Schweiz und in Deutschland aktiv ist. Sie werden deshalb wahrscheinlich auch kurzfristig um Amtshilfe ersuchen. Darauf müssen wir vorbereitet sein. Außerdem hat die Seprona, die spanische Umweltpolizei, vor etwa vier Wochen bei einer Razzia in der Nähe von Madrid etwa siebenhundert Kilogramm Glasaal beschlagnahmt, Schwarzmarktwert etwa eine Million Euro. Das nur noch mal, um die Dimensionen klarzumachen, mit denen wir es hier zu tun haben.«

»Und soweit wir das sagen können, war Mathissen an einer Gruppe von Schmugglern dran«, übernahm jetzt Vogelsang und richtete sich in ihrem Stuhl auf. »Er hat die Spuren eines Netzwerkes in Deutschland weiterverfolgt und ist dabei auf ein Restaurant in Kelsterbach gestoßen, etwas abgelegen, aber gute Anbindung an den Flughafen.«

»Es scheint da gerade eine Art von Shift zu geben«, nahm Köster Vogelsangs Vorlage auf. »Nachdem die Gruppen in Frankreich und Spanien einige empfindliche Rückschläge hinnehmen mussten, scheint sich ihr Geschäft nun mehr und mehr in die Schweiz und zu uns nach Deutschland zu verlagern, an die Flughäfen Zürich und Frankfurt mit direkten Flugverbindungen nach Hongkong. Die französischen Kollegen sind kurz davor, einen der Schmugglerringe auszuheben. Ihnen ist es gelungen, Informanten anzuwerben, und im Moment versuchen sie, Lieferwagen mit Peilsendern zu versehen. Wenn ihnen das gelingt, können wir die neuen Routen nachverfolgen und so das Netzwerk aufdecken.«

»Ich habe heute außerdem einen Anruf von einer Informantin aus dem Restaurant in Kelsterbach bekommen«, legte Vogelsang nach. »In den nächsten Tagen soll eine neue Lieferung kommen. Wir sollten daher umgehend eine Observation durch das OEZ einrichten.«

Thomas Zöllner war den Ausführungen konzentriert und mit leichtem Kopfnicken gefolgt. Doch Vogelsang sah, dass er die Stirn runzelte. Es reichte ihm anscheinend noch nicht.

»Und wir haben Luan Zhenyun, den toten Schmuggler, den Mathissen am Flughafen mit den Glasaalen verhaftet hat.« Vogelsang fixierte Zöllner. »Der hat im Restaurant in Kelsterbach gearbeitet.«

Vogelsang wusste, dass sie sich auf dünnem Eis bewegte, denn ob Luan tatsächlich im Restaurant gearbeitet hatte, war weiterhin bloß eine Vermutung, niemand hatte ihr das bisher bestätigen können. Aber sie musste jetzt weiter Druck aufbauen, um die Sache voranzutreiben.

»Und du glaubst, das rechtfertigt eine Observation?«

»Was brauchst du denn sonst noch?«

»Das sind doch bis jetzt alles nur Indizien.« Zöllner lehnte sich zurück, verschränkte die Finger hinterm Kopf. »Nur weil dieser Luan Zhedings ... wie heißt der jetzt gleich?«

»Luan Zhenyun«, meldete sich zum ersten und einzigen Mal Referendar Tobler zu Wort.

»Ja, danke, also, wissen wir denn sicher, dass er dort gearbeitet hat? Wie weit sind wir überhaupt in diesem Fall? Da scheint es ja doch einige Überschneidungen zu geben.« Zöllner sah Brandt an.

Brandt schien wie eine Theaterschauspielerin auf ihr Stichwort gewartet zu haben; ihr Gesicht nahm den Ausdruck konzentrierter Professionalität an, sie schlug die Akte auf, blätterte, begann in kurzen Sätzen den aktuellen Stand ihrer Ermittlungen zu referieren, berichtete davon, dass sie so etwas wie einen Durchbruch bei der Suche nach dem mutmaßlichen Mörder erreicht hätten.

»Wir haben Zugriff auf die Videoüberwachung der Baustelle und konnten die Bilder zur besagten Tatzeit auswerten. Tatsächlich haben wir einen Treffer.« Sie sah auf, der Applaus schien ihr sicher. »Dank Kommissar Fähndrichs Ermittlungen haben wir jetzt einen Verdächtigen.«

»Und wer ist das?«

Brandt zuckte mit den Schultern.

»Fähndrich wollte erst in der großen Runde mit dem Namen rausrücken.«

»Gut, und wo bleibt er?«

»Sollte jeden Moment da sein.« Brandt sah auf ihr Smartphone.

Wahrscheinlich hatte Uwe den Termin verpeilt, er war nicht derjenige, der verlässlich zu verabredeten Zeiten erschien, obwohl er anscheinend einen richtig großen Auftritt plante. Aber noch bevor Vogelsang den Gedanken zu Ende führen konnte, öffnete sich die Tür und Uwe steckte seinen Kopf herein.

»Bin ich hier richtig?«

»Bist du.«

Er kam herein, dunkles Shirt, die Stirn glänzend vom Schweiß.

»Ihr müsst hier mal Schilder aufstellen, findet sich ja kein Mensch zurecht.«

»Danke, dass du gekommen bist«, sagte Zöllner. »Frau Köster von der Zollfahndung ist hier am Apparat.«

»Ah ja, hallo auch. Ich muss erst mal einen Schluck ...« Er machte sich eine Flasche auf und leerte sie in einem Zug.

»Luan Zhenyun«, sagte Zöllner. »Brandt sagt, du hast einen Verdächtigen?«

Uwe ließ sich Zeit, drehte den Verschluss wieder auf die Flasche, schob sie nach vorn ans Tischende. Was ein Schauspieler!

»Sheng Wei Jen«, sagte er jetzt, leise, fast wie zu sich selbst, »chinesischer Staatsbürger, mit einem Arbeitsvisum seit etwa drei Jahren in Deutschland, wohnhaft in Frankfurt, Gallusviertel. Nachdem die Kollegen die Aufnahmen bearbeitet und etwas geglättet hatten, war sein Gesicht gut zu erkennen. Und in der Datenbank gab es einen Treffer: Anzeige wegen Körperverletzung, Nötigung, Urkundenfälschung. Sheng Wei Jen arbeitet in einem Restaurant in Kelsterbach.«

Vogelsang grinste in sich hinein, sodass es hoffentlich niemand bemerkte. Das Restaurant schien tatsächlich eine entscheidende Rolle zu spielen.

»Und woher hast du den Namen?«, hakte Zöllner nach.

»Betriebsgeheimnis.« Uwe schmunzelte. »Ich kenne Leute, die Leute kennen, und manche erinnern sich ganz gut an Gesichter.«

Uwes Straßenfunk. Das mochte oldschool sein, aber solange es half, hatte er alle Argumente auf seiner Seite.

»Aber ihr habt ihn noch nicht festgenommen?«, erkundigte sich Zöllner.

»Deshalb bin ich hier«, sagte Uwe. »Die Sache ist doch ziemlich groß, und bevor ich den ganzen Haufen da jetzt aufschrecke, dachte ich, wir stimmen uns erst mal ab.«

Brav, Vogelsang lächelte.

»Ich plädiere wie Frau Vogelsang für eine Observation des Restaurants«, meldete sich Köster wieder zu Wort. »Kleines Team, erst mal keine TKÜ. Vielleicht können wir dabei zwei Fliegen mit einer Klappe schlagen, Sheng Wei Jen verhaften und den Glasaalschmuggel aufdecken.«

Vogelsang blickte zu Uwe und Brandt, beide nickten, wenn auch Brandt etwas zaghafter. Vogelsang lehnte sich zurück. Da kam Zöllner jetzt nicht mehr raus. Und sie sah, wie es hinter seiner Stirn arbeitete, wie er abwog und schon an Formulierungen für die Presse arbeitete, sich irgendwelche Ausflüchte zurechtlegte, falls das Ganze schiefging. Köster nieste leise und entschuldigte sich.

»Also gut«, Zöllner beugte sich vor, legte beide Hände auf den Tisch, als müsse er sich abstützen, »dann machen wir es so. Observation durch das OEZ, nichts Auffälliges. Du leitest alles in die Wege, Greta?«

»Wir observieren in erster Linie wegen der Glasaale«, sagte sie. »Sollte sich dabei im Falle Sheng Wei Jen etwas ergeben, leiten wir das natürlich weiter.«

»Ich werde sehen, was ich über Sheng Wei Jen noch herausfinden kann«, sagte Uwe.

»Und tägliche Updates«, meldete sich Köster. »Wenn es den französischen Kollegen gelingt, eine der Lieferungen zu tracken, sollten wir ziemlich bald wissen, ob das Restaurant in Kelsterbach wirklich eine Rolle spielt. Ich melde mich bei Neuigkeiten sofort.«

»Bin ebenfalls jederzeit mobil erreichbar«, sagte Vogelsang, und auch Uwe und Brandt nickten.

»Dann haben wir jetzt ja die schönste Einigkeit hergestellt«, sagte Zöllner und stand auf. »Danke an alle Beteiligten für das konstruktive Gespräch, ich muss leider schon weiter. Einen schönen Tag, Frau Köster, wir bleiben in Kontakt.«

Köster verabschiedete sich und legte auf. Zöllner und Brandt standen auf, packten ihren Kram zusammen.

»Haltet mich auf dem Laufenden«, sagte Zöllner, dann verabschiedete er sich und rauschte mit Referendar Tobler im Schlepptau aus dem Raum.

Vogelsang streckte die Beine aus.

»Gute Arbeit«, sagte sie.

»Die Lorbeeren gebühren Herrn Fähndrich«, sagte Brandt.

»Auch ein blindes Huhn findet mal ein Korn.« Er grinste, kokettierte natürlich mit seiner Erfahrung, seinem Netz an Informanten und Einflüsterern. »Schauen wir mal, wohin uns das führt.«

Er stand auf, reckte sich.

»Schön habt ihr es hier.«

»Habt ihr schon gegessen?«, fragte Vogelsang.

»Ich muss auch gleich weiter«, sagte Brandt. »Bis bald.«

Und weg war sie.

»Du hattest absolut den richtigen Riecher mit Mathissen«, sagte Uwe, als die beiden den Gang runter zum Aufzug gingen. »Ich meine, du hast doch nicht eine Sekunde an einen Unfall geglaubt, oder?«

»Nein, habe ich nicht.«

»Against all odds.«

»Du kennst mich.«

»Übrigens: Dein Aalkopf ist ein ganz normaler Aalkopf, stammt von einem etwa fünf Jahre alten Tier.«

»Sonst nichts, auch nichts am Paket?«

»Nein, alles sauber, keinerlei Spuren, gar nichts. Hast du etwas anderes erwartet?«

»Hätte ja sein können, dass uns das irgendwohin führt.«

Vogelsang holte den Aufzug. Sie sausten ins Erdgeschoss.

»Kantine oder Bäcker?«, fragte sie.

»Wenn ich schon mal hier bin.«

»Bist eingeladen.«

»Genau das wollte ich hören.«

Die Türen glitten auf, und der Duft von Spaghetti Bolognese schlug ihnen entgegen.

Die Königin war in ihrem fahrbaren Thron eingeschlafen. Ihr Kopf war leicht zur Seite gekippt und die Hände lagen auf ihren Knien. Vogelsang streichelte ihr über die Wange und löste die Bremsen des Rollstuhls.

Sie war nach Dienstschluss mit dem Rad in die Uniklinik gefahren und hatte ihre Mutter zu einem Spaziergang abgeholt. Sie war mit der Königin einige Zeit übers Gelände gekurvt, schließlich hatten sie sich in der kleinen Parkanlage, die etwas versteckt zwischen den Klinikgebäuden lag, in den Schatten gesetzt. Sie müsse jetzt aber wirklich dringend nach Hause, hatte die Königin gesagt, die Leute hier seien oft sehr grob und würden über sie lachen, und Vogelsang hatte versucht, ihr klarzumachen, dass die Leute sich um ihr Bein kümmerten und dass sie dann bald wieder nach Hause gehen könne, aber jetzt noch nicht. Da war die Königin wütend geworden und hatte zu schimpfen begonnen. Dreckschwein, der Alfred, dieses alte Dreckschwein. Vogelsang legte ihr die Hand auf den Arm, und die Königin brummelte weiter, regte sich darüber auf, dass Clark zu viel rauchen würde, der würde deswegen noch ganz gelbe Zähne bekommen, sie zeigte Vogelsang ihr Gebiss, gelbe Zähne, dann brummelte sie weiter, schlief schließlich ein. Auch Vogelsang schloss kurz die Augen, ließ das Sonnenlicht über ihrem Gesicht zerfließen.

Sie sah ihre Mutter vor sich, in der Küche, im Garten bei den Beeten, Helga Vogelsang, eine schöne, groß gewachsene Frau, die ihren Mann um einen halben Kopf überragte und die feinen Züge einer Filmschauspielerin besaß, auch wenn sie ihr halbes

Leben lang in der Damenabteilung von Kaufhof gearbeitet hatte. Manchmal hatte sie dort Kleidung der vergangenen Saison günstig bekommen und dann auch Greta damit ausgestattet; meine kleine Greta, dreh dich mal, dreh dich. Ihr ganzes Leben lang hatte sich die Mutter nach dem Scheinwerferlicht gesehnt, nach den mondänen Orten an der französischen Mittelmeerküste und in den Schweizer Alpen, hatte dann aber immer nur im kleinen Garten in der Nähe der Bundesstraße ihre Urlaube verbracht. Einmal in der Woche, meist am Wochenende, hatte sie sich einen Film mit Clark Gable, Audrey Hepburn oder Greta Garbo angeschaut, hatte sich dazu in Schale geworfen und sich einen Likör eingegossen, um dann für ein paar Stunden ganz in einer fremden, aber wunderschönen Welt zu versinken.

Vogelsang öffnete die Augen und fuhr sich übers Gesicht. Die Erinnerungen an früher verwirrten sie, hatten sie doch nichts mehr mit der Frau zu tun, die ihr jetzt im Rollstuhl gegenübersaß.

Sie stand auf und schob die schlafende Königin langsam zurück auf Station.

Der Wagen stand seit über zehn Minuten mit ausgeschalteten Scheinwerfern auf der gegenüberliegenden Straßenseite, ohne dass jemand ausgestiegen wäre. Normalerweise kümmerte sich Vogelsang wenig um die vorbeifahrenden Autos, ihr Lärm war zu einem gewohnten Geräusch geworden. Aber als der Wagen direkt gegenüber dem Gartentor gehalten hatte, war sie von ihrem Stuhl aufgestanden. Mika war drinnen und schaute fern, die beiden Kater lagen unterm Tisch. Sie ging ein paar Schritte nach vorn an den Terrassenrand, aber es rührte sich nichts. Der dunkle Wagen hob sich kaum von der Umgebung ab, nur die Windschutzscheibe reflektierte das Licht der Straßenlaterne. Vogelsang blickte in ihr Weinglas und fragte sich, wie viel sie schon getrunken hatte. Das war doch bloß ein Film, der in ihrem Kopf ablief: dunkle Karren am Straßenrand mit Typen, die sie beobachteten, heimliche Verfolgungen, Aalköpfe als Warnung. Sie war hier in Frankfurt, mitten in Europa und nicht in einem Scorsese-Film.

Sie musste grinsen.

Im selben Moment fuhr das Auto nahezu geräuschlos wieder an, die Scheinwerfer blieben ausgeschaltet. Vogelsang konnte weder das Nummernschild noch etwas von den Insassen erkennen.

Sie setzte sich wieder.

Das alles hatte gar nichts zu bedeuten. Oder es bedeutete alles.

15

Paul

Seit sie ihm dieses Ding gegeben hatten, zitterten seine Hände, er konnte nichts dagegen tun.

Als er im Auto neben Samy saß, hatte sich Paul die Hände zwischen die Beine geschoben und versucht, sich nichts anmerken zu lassen. Verräter!, summte es leise in seinen Ohren, Verräter! Samy hatte ihm von irgendwelchen Freundinnen erzählt, von Aline oder Sabrine, der hatte ja keine Ahnung, für den war das nur ein Job. Verräter, kicherte es, aber hatte er denn eine Wahl? Patricia oder Samy. Da fiel ihm die Entscheidung nicht schwer.

Paul stand jetzt bei den anderen im Hof. Es wurde geraucht, über Fußball geredet, jemand habe einem anderen aufs Maul gehauen, der dann mit einem Messer herumfuchtelte, und am Ende hätten sie sich Arm in Arm betrunken. Paul stand dabei, nickte, gab den ein oder anderen Kommentar ab, beide Hände in die Hosentaschen geschoben. Es roch streng, nach Fisch und Reinigungsmitteln.

Ein weißer Lieferwagen mit dunkelblauer Firmenaufschrift und einem Fisch im Logo manövrierte rückwärts an die Laderampe. Der war jetzt Pauls Aufgabe. Samy war irgendwo in der Lagerhalle verschwunden. Ein Typ, klein, drahtig, mit einer hellen Narbe über dem rechten Auge, zeigte ihm die Kisten, die er in den Wagen laden sollte; er dürfe die Kisten unter keinen Umständen werfen. Wenn sie beschädigt würden, könnten sie alles darin wegwerfen und er, Paul, sei seinen Job los. Ob er das kapiert habe? Er hatte die Hände in die Seiten gestemmt, sie standen in einem Kühlhaus, dumpf summten die Aggregate. Paul nickte bloß. Der Typ zeigte ihm die Handhabung des Hubwagens und dass er die Kisten gleichmäßig verteilen musste, die schweren nach unten, die leichten in die Mitte und eher nach oben. Paul wollte schon was sagen, dass er nicht blöd sei, dass er hier schon mal gearbeitet habe und wüsste, wie die Dinge liefen, aber er hielt die Klappe. Der Typ zündete sich eine Zigarette an und verschwand.

Paul begann mit der Arbeit. Manche der Kisten waren aus Karton, einige aus dunklem Styropor, schwer, unhandlich. Als er die erste Fuhre in den Lieferwagen gepackt hatte, blieb er kurz stehen und befühlte das Ding in seiner Tasche. Er solle es zwischen den Kisten platzieren, hatte der Beamte gesagt, als sie sich nach seinem Anruf auf dem Parkplatz hinter dem Haus getroffen und sie ihm den kleinen Sender gegeben hatten, möglichst nah an der Außenwand. Am besten wäre es, er würde das Ding mit einem Streifen Tape befestigen. Paul ballte eine Hand zur Faust. Sollte er etwa mit einem Werkzeugkoffer anmarschieren, was glaubten die denn, was er hier tat? Er beugte sich über eine Kiste, um nach einem geeigneten Platz zu sehen, als er hinter sich ein Räuspern hörte.

»Alles okay?« Der kleine Typ stand an der Rampe und glotzte ihn an. »Brauchst du Hilfe?«

»Geht schon.« Paul nahm die Hand aus der Tasche und versuchte ein Lächeln.

Beobachtete ihn der Typ? Ahnte er was, sah man ihm an, dass er ein Verräter war? Was, wenn sie ihn durchsuchen und den Sender finden würden? Er kämpfte gegen die aufsteigende Panik an, begann zu schwitzen. Mach einfach weiter, einfach weitermachen. Er zog den Hubwagen zurück zur Kühlhalle, wuchtete die nächsten Pakete drauf. Er hatte keine Ahnung, was in den Paketen war, irgendwelche Fische, Meerestiere, und er fragte sich, nach was genau die Polizei eigentlich suchte, warum sie an den Lieferwagen ranwollten. Drogen? Aber sicher nicht im gefrorenen Fisch. Vielleicht Bündel von Falschgeld, die könnte man ja tiefgefroren transportieren, oder irgendwelche Chemikalien zur Drogenherstellung.

Wieder stand Paul im Laderaum des Lieferwagens, wieder hatte er das kleine Ding in der Hand und wieder spürte er die Blicke in seinem Rücken. Verdammte Scheiße. Sie würden ihn zusammenschlagen, ihm Arme und Beine brechen, die Zähne ausschlagen. Nein, er konnte das nicht, es ging nicht. Er wollte lebendig zurück zu Patricia kommen und nicht bei ihr auf Station landen.

»Geht's dir nicht gut?«, fragte der Typ.

»Ziemlich warm heute.«

»Kreislauf?« Er grinste. »Kenn ich. Immer kalt und dann wieder warm. Wirst dich dran gewöhnen.«

Paul nickte.

Wieder zurück in der Kühlhalle. Sein Shirt war schweißnass. Einmal rutschte ihm eine Kiste fast aus den Händen, er konnte sie mit dem Knie gerade noch abfangen. Nein, er konnte es nicht tun. Er würde sagen, dass sie ihn die ganze Zeit beobachtet hätten, dass sie wahrscheinlich schon irgendwas ahnten, irgendeinen Verdacht hatten. Dann war es nicht mehr sein Problem. Er hatte es zumindest versucht.

Er wuchtete die letzten Kisten in den Laderaum. Seine Oberarme brannten und er hatte Durst. Als er wieder draußen war, verschloss der Typ die Türen des Lieferwagens.

»Gute Arbeit«, sagte er.

Paul nickte nur. Noch einmal überlegte er, ob er unter einem Vorwand zum Führerhaus sollte und dort das Ding irgendwo verstecken. Aber wo? Er konnte es nicht einfach unter den Sitz oder ins Seitenfach legen. Scheiße! Der Typ sagte, er solle mitkommen, und sie gingen in die Lagerhalle zu einer Art Pausenraum, in dem es eine kleine Küche gab. Der Typ holte zwei Flaschen Wasser aus einem alten Kühlschrank und gab Paul eine. Er trank gierig.

Dann standen sie wieder draußen, zusammen mit den anderen. Es begann zu dämmern. Paul konnte keinen klaren Gedanken fassen, er war vollkommen leer, wie erschlagen. In der Tasche spürte er zentnerschwer das kleine Ding. Er hörte die anderen reden, auch Samy, irgendwelche Sprüche. Der Boss ging herum und verteilte den Lohn, drückte Paul ein paar Scheine in die Hand und nickte ihm zu. Paul zählte nicht nach, schob sich das Geld in die Tasche. War ja jetzt auch egal. Im Knast würden sie ihm sowieso alles abnehmen.

Plötzlich stand Samy neben ihm, beugte sich zu ihm.

»Warte draußen auf mich. An der Bushaltestelle. Ich komme in zehn Minuten und hole dich ab.«

Paul sah ihn an. Samy verzog keine Miene, ging schon wieder auf den Spruch eines anderen ein, lachte laut.

Paul verabschiedete sich, Samy zwinkerte ihm zu. Paul ging schnell über den Hof, durch das Tor und auf die Straße. In seinem Schädel flog alles durcheinander, er kapierte nichts mehr. Warum tat Samy plötzlich so geheimnisvoll? Sollten sie nicht einfach in seine Karre steigen und heimfahren? Er ging ein Stück die Straße runter, bis er die Bushaltestelle erreicht hatte. Dort blieb er stehen, sah sich um. Nichts rührte sich. Sein Smartphone begann zu vibrieren. Das war sicher Patricia. Er nahm ab.

»Ist es erledigt?«, hörte er eine dumpfe Stimme.

»Was?«

»Hast du den Sender angebracht?«

»Ich …«, Paul stockte, »also die haben mich die ganze Zeit … ich …«, sein Mund wurde trocken, die Zähne waren schwere

Gewichte, die Zunge geschwollen und unbeweglich. Er drückte den Anrufer weg, starrte aufs Display.

Dann kam schon wieder ein Anruf.

»Ich ...«

»Halt's Maul, Junge. Glaubst du, wir machen Witze? Ist das Ding im Lieferwagen?«

»Ich ...«

»Wir kriegen dich an den Eiern, und zwar heftig, Junge. Du hängst da schon richtig tief drin. Ich glaube, du kapierst gar nicht, um was es geht. Aber vielleicht brauchst du auch die Zeit im Knast, um es zu kapieren.«

Der Anrufer legte auf. Fuck! Paul war kurz davor, sein Smartphone auf den Boden zu schleudern. Diese verdammten Wichser! Die ganze Scheißwelt hatte sich gegen ihn verschworen, dabei wollte er doch nur in Ruhe gelassen werden.

Er hörte Motorengeräusche, sah auf. Der weiße Lieferwagen hielt neben ihm, am Steuer saß Samy.

»Los, spring rein«, sagte er.

Paul stieg zu, ließ die Tür aber auf.

»Alles klar bei dir? Du siehst richtig scheiße aus.«

Paul nickte nur.

»Bock auf eine kleine Tour?«, fragte Samy.

»Was?«

»Der Boss hält viel von dir. Er will, dass du die Tour mit mir zusammen machst, damit du demnächst alleine fahren kannst.«

Plötzlich hatte Samy zwei Hunderteuroscheine in der Hand.

»Die kriegst du sofort. Und noch mal vier von denen, wenn wir wieder da sind.«

»Wohin fährst du?«

»Frankfurt.«

»Frankfurt?«

»Ja, Frankfurt in Deutschland.«

Das war ja eine halbe Weltreise.

»Ich habe Patricia versprochen …«

»Hör zu, Paul, die Sache ist die: Ich hab gerade keinen Führerschein. Und wenn ich deswegen bei einer Kontrolle auffliege, bin ich am Arsch. Deshalb musst du fahren. Du kannst mich jetzt nicht hängen lassen. Wir fahren die Nacht durch und sind morgen wieder da. Patricia wird gar nichts mitbekommen. Und dann kannst du deine Lady mal richtig schick ausführen. Was sagst du?«

Samys Grinsen. Das Grinsen des Jungen von früher. Jetzt war Paul auch schlagartig klar, warum es Samy so wichtig gewesen war, dass er den Job annahm, warum er ihm das ganze Geld gegeben hatte. Samy steckte in Schwierigkeiten, und Paul sollte ihm den Arsch retten!

»Jetzt mach schon, so eine Chance kommt so schnell nicht wieder!«, sagte Samy. »Der Boss vertraut dir! Und du weißt dann, wie es läuft, und kannst bald eigene Touren fahren. Das wirft richtig was ab.«

Paul tastete nach dem Ding in seiner Hosentasche. Wenn er Patricia das Geld zeigte, würde sie nichts mehr sagen können. Dann wäre sie stolz auf ihn, denn wer so viel Kohle heimbrachte, der war sicher kein Loser. Er zog die Tür zu und lehnte sich zurück.

»Fahr los«, sagte er.

Samy schaltete in den ersten Gang und gab Gas.

»Das wird groß«, sagte er. »Wir machen uns eine richtig geile Zeit!«

Paul war seit Jahren nicht mehr über Angers hinausgekommen, und als sie kurz hinter der Stadt einen Rastplatz ansteuerten, fühlte er sich bereits wie ein Weltreisender. Ein letzter Rest Tag glomm im Westen, während sie ins Gebüsch pinkelten.

Paul ging ein paar Schritte und rief Patricia an. Sie nahm erst nach einer halben Ewigkeit ab.

»Hab ich dich geweckt?«

»Bin wohl eingeschlafen. Wo bist du?«

»Ich mache hier noch die Nachtschicht mit«, sagte Paul. »Die sind echt in Ordnung, und ich glaube, der Boss mag mich. Und die Bezahlung ist auch super.«

Er hörte Patricia gähnen.

»Hast du was vom Gratin gegessen?«, fragte er.

»Hab ich.«

Eine kurze Pause entstand. Er hörte sie leise atmen.

»Morgen bin ich wieder da«, sagte er.

»Hab Spätdienst. Sehen wir uns vorher?«

»Könnte knapp werden. Aber ich kann dich abends abholen und wir gehen essen. Oder ins Kino. Was meinst du?«

»Klingt gut.«

Nachdem er aufgelegt hatte, ging er nicht sofort zum Lieferwagen zurück, sondern entfernte sich noch ein paar Schritte und wählte die unbekannte Nummer. Die Stimme, die ihn vorher zur Sau gemacht hatte, meldete sich.

»Alles okay«, sagte Paul. »Das Ding ist im Fahrzeug.«

»Wissen wir. Wir melden uns wieder.«

Paul legte auf, starrte zum Lieferwagen. Ein plötzliches Hochgefühl überkam ihn: Er fühlte sich wie in einem Agentenfilm, geheime Operation, der eine spielte den anderen aus; er hielt gleichzeitig mehrere Bälle in der Luft, er log nicht, er dehnte nur die Wahrheit etwas. Vielleicht war das hier gar keine Sackgasse, sondern wirklich die Autobahn.

Als er zu Samy zurückging, gab der ihm den Wagenschlüssel.

»Ab hier fährst du«, sagte er.

Samy spielte Musik auf seinem Smartphone, durch das geöffnete Fenster kam warmer Fahrtwind und es roch nach Asphalt und Wiese. Paul fühlte sich zum ersten Mal seit Tagen wieder richtig gut, und er vergaß für eine Weile das kleine Ding in seiner Tasche, vergaß die ernsten Gesichter der Beamten, vergaß sogar Patricia. Samy und er quatschten über ihre Kindheit, riefen sich Leute aus der Klasse in Erinnerung: Die hatte schon drei Kinder, der saß schon wieder im Knast, die hatte irgendeinen Typen geheiratet, der sie ständig verprügelte, aber sie wohnten jetzt in Nizza. Dann ahmte Samy ihre ehemaligen Lehrer nach, Französisch und Geschichte bei Monsieur Petit, Sport bei Madame Reveille, und Samy deutete die Oberweite der Lehrerin an, die bei den Jungs in der Umkleide regelmäßig für eine Ständerparade gesorgt hatte. Sie brachen in Gelächter aus, Samy verteilte Zigaretten.

Sie folgten weiter der Autobahn A 11, erreichten Chartres und kurz nach Mitternacht Paris. Paul hatte dort mal mit seiner Familie Ferien gemacht, aber die Stadt hatte ihn schnell angekotzt. Nur der Eiffelturm war krass gewesen, dieses Monstrum aus Stahl hatte ihn echt beeindruckt. Außer ein paar Lagerhallen, Hochhäusern und Kränen bekamen sie jetzt nicht viel von der Stadt zu sehen, machten kurz Pause auf dem Parkplatz eines Schnellrestaurants, wo Samy ihnen Burger und Fritten besorgte.

Der Verkehr nahm hinter Paris deutlich ab, zeitweise waren sie der einzige Wagen. Reims verschwand in der Dunkelheit, ging unter wie eine besiegte Stadt; dann die Felder von Verdun, die weit außerhalb ihrer Vorstellungskraft lagen. Samy war eingeschlafen. Paul versuchte sich auf die Straßenbahnmarkierungen zu konzentrieren, die wie Pfeile auf ihn zugeschossen kamen. Dann, einige Kilometer hinter Metz, plötzlich und unerwartet Stau, unzählige rote Rücklichter, die Fahrbahn ausgeleuchtet. Als

Paul den ersten Beamten in seiner Warnweste sah, zog sich sein Magen zusammen. Er stieß Samy an. Der fuhr auf.

»Sind wir da?«

»Da draußen«, sagte Paul, »da ist irgendwas.«

Blaulichter erhellten die Nacht.

»Bestimmt nur ein Unfall.«

Aber schon Minuten später war klar, dass es kein Unfall war. Alle Fahrzeuge wurden auf die rechte Spur geleitet und dann auf einen Rastplatz geführt. Polizeikontrolle.

»Scheiße«, murmelte Samy, und Paul sah, dass er an irgendwas herumfingerte, was sich neben seinem Sitz befand. Samy fuhr sich übers Gesicht. »Keine Panik. Hier sind die Frachtpapiere. Hast du deinen Führerschein?«

Paul nickte. Er umklammerte das Lenkrad mit beiden Händen, schwitzte. Hatten die Bullen sie in eine Falle gelockt? War er nur das dumme Bauernopfer in einer größeren Operation? Natürlich wussten die Bullen genau, wo sich der Lieferwagen befand. Und während sie langsam über den Parkplatz rollten, vorbei an Beamten mit Maschinenpistolen, fragte sich Paul erneut, was da in den Kisten sein sollte, das die Polizei so interessierte. Er hatte keine Ahnung. Er stoppte den Wagen auf ein Zeichen.

Ein Beamter trat neben die Fahrertür, leuchtete mit der Taschenlampe, bedeutete Paul, er solle die Tür öffnen. Paul tat es. In knappen Sätzen forderte der Beamte Führerschein, Ausweis, Lieferpapiere. Samy lehnte sich über Paul und reichte ihm alles. Dabei sah Paul etwas dunkel Glänzendes, das Samy mit der linken Hand umschlossen hielt. Der Beamte entfernte sich einige Schritte, ein zweiter trat dazu, sie begutachteten die Papiere. Paul machte eine Bewegung mit dem Kopf und starrte auf Samys Hände. Der hob die linke Hand vorsichtig an. Ein schwarzer Revolver.

»Hab alles unter Kontrolle«, flüsterte Samy.

Paul raste die Panik das Rückgrat hoch. Warum hatte Samy eine Knarre? Was war hier los? Er hatte Samy vertraut, seinem Lachen, den Sprüchen vom schnellen Geld, nur bisschen fahren, es sei überhaupt nicht schwer. Er hätte nie in diesen verdammten Lieferwagen einsteigen dürfen, hätte einfach nach Hause gehen und sich zu Patricia legen sollen, dicht an ihren warmen Körper geschmiegt, ihre Locken im Gesicht.

Doch jetzt war er hier, auf diesem Parkplatz, irgendwo im Niemandsland, todmüde, verschwitzt.

Der Beamte kam zurück.

»Steigen Sie bitte aus und machen Sie hinten auf.«

Paul sah Samy an, sah das Weiß in seinen Augen. Würde es morgen überall Sondermeldungen geben? Schießerei bei Kontrolle, mehrere Tote! Paul wurde übel. Er sah, wie sich Samy aufrichtete, sah die glänzende Waffe in seiner Hand.

»Steigen Sie bitte aus!«, sagte der Beamte, nun mit mehr Nachdruck.

Sollte er einfach Gas geben? Einfach losrasen, wieder zurück auf die Autobahn und in der Dunkelheit verschwinden?

Er ließ das Lenkrad los, hob sich aus dem Sitz und wollte einen Fuß auf die Trittstufe setzen, als der zweite Beamte kam und kopfschüttelnd ein paar Worte zu seinem Kollegen sagte.

»Steigen Sie ein. Sie können weiterfahren, alles in Ordnung«, sagte er, an Paul gewandt. »Gute Fahrt.«

Paul ließ sich in den Sitz fallen. Er zog die Tür zu, startete den Motor und lenkte den Wagen langsam aus der Parklücke zurück auf die Autobahn, beschleunigte. Die Lichter blieben hinter ihnen, wurden kleiner, verschwammen. Paul starrte auf die Straße, sah Samy nicht an.

»Schiss gehabt?«, fragte der irgendwann.

Paul sagte nichts, lehnte sich nach vorn. Er hatte das Gefühl, jeden Moment ohnmächtig zu werden. Er ließ das Fenster ein Stück herunter, der kühle Fahrtwind tat gut.

»Ich dachte, wenn die uns jetzt ficken, ich dachte, na ja, dann lass ich's halt drauf ankommen.«

Du hättest sie einfach abgeknallt, dachte Paul. Du dummes Arschloch.

Er dachte an Patricia. Sie hatte ihn immer vor Samy gewarnt, sie hatte Samy nie getraut. Er biss sich auf die Lippe, schluckte.

»Was ist dahinten drin?«, fragte Paul tonlos.

»Was meinst du?«

»Was fahren wir da durch die Gegend?«

»Du hast doch selbst das Zeugs reingeladen. Muscheln, Fisch. So was.«

»Wieso ...«, Paul stockte, »wieso hast du dann eine Knarre?«

»Selbstschutz, laufen genug Irre rum. Ist doch alles gut gegangen. Du fährst und ich kümmere mich um den Rest.«

War es Glück gewesen, Zufall? Warum hatten sie die Bullen einfach wieder fahren lassen?

»Entspann dich«, sagte Samy und lehnte sich zurück. »Das Schlimmste haben wir hinter uns.«

Kurz hinter Forbach überquerten sie problemlos die Grenze. Paul war noch nie in Deutschland gewesen, aber es sah hier auch nicht viel anders aus als in Nantes. Sie folgten der Autobahn 6 nach Frankfurt. Der Verkehr nahm allmählich wieder zu, Lastwagen um Lastwagen; hier musste man keine Maut bezahlen und konnte meist so schnell fahren, wie man wollte. Namen, von denen er noch nie gehört hatte, zogen vorbei: Halberg, Saarbrücken, Ramstein Airbase, Kaiserslautern. Es begann zu dämmern. Bei Mainz überquerten sie den Rhein, als Samys Smartphone kreischend zu klingeln begann. Er sprach leise, Paul verstand kaum etwas, sah ihn nur nicken.

»Kleine Planänderung«, sagte Samy. »Wir sollen zuerst ins

Hotel und später die Sachen abliefern. Wir bekommen nachher neue Anweisungen.«

Samy grinste. Alles gut.

Vor ihnen schob sich die Sonne als fiebrig glänzende Scheibe in den Himmel.

16

Der Abend war warm und voll von zirpenden Grillen. Vogelsang saß mit einem kühlen Bier auf den Stufen der Terrasse und lauschte der Musik. Es war Renates zweiundsechzigster Geburtstag. Dazu hatten Wolfgang und sie die anderen Bewohner in den Garten eingeladen, Bier, Wein und Limo gekauft, drei Familienpizzen bestellt, der Einfachheit halber, sie wollten keinen großen Aufwand, nur einen gemütlichen Abend mit Freunden. Trotzdem hatten Wolfgang und Yassir Verstärker und das E-Drumset in den Garten geschleppt und dort aufgebaut. Gerade spielten sie *Child in Time* von Deep Purple, Wolfgang an der Gitarre und Yassir am Schlagzeug. Die anderen Bewohner saßen dabei, tranken Bier, lauschten der Musik und unterhielten sich leise.

Vogelsang war müde und gleichzeitig aufgekratzt, von einer seltsamen Unruhe erfasst. Immer wieder sah sie auf ihr Smartphone. Mika, der neben ihr stand, stieß sie mit dem Arm an. Ob alles okay sei.

Sie nickte, dann schüttelte sie den Kopf.

»Hab eine Observation angeordnet, das Restaurant, in dem wir Samstag waren.«

»Der Hort des Bösen? Schade eigentlich, war doch lecker da.«

»Die Kellnerin hat mich angerufen. Zumindest glaube ich, dass sie es war.«

Wolfgang setzte zu einem Solo an. Einige feuerten ihn mit Klatschen und Rufen an.

»Und dein Tag so?«

»Wunderbar!« Sie stießen an.

Später saßen sie alle um den Schwimmteich, manche hielten ihre Füße ins Wasser, Wolfgang erzählte von der Radreise, die sie machen wollten, hoch an die Ostsee, eine Woche lang nur fahren. Renate ging noch schwimmen, und kurz überlegte Vogelsang, ob sie auch noch reingehen sollte, aber dann wollte sie sich einfach nicht entscheiden müssen, trank ihr drittes Bier und knutschte mit Mika.

Es war nach Mitternacht, als sie aufstand, die anderen umarmte und ihnen eine gute Nacht wünschte. Sie ging durch den Garten, blieb noch einmal stehen und sah hinaus auf die Straße. Nichts zu sehen, alles war ruhig. Sie ging hoch auf die Terrasse, Mika folgte ihr, als sich ihr Smartphone noch mal meldete. Köster schrieb: *Sorry für die späte störung. lieferwagen ist auf dem weg, die franz. kollegen sind dran. morgen hoffentlich mehr. gute nacht.* Vogelsang grinste, und Mika fragte, ob sie eine Liebeserklärung oder so was bekommen habe.

»So ähnlich«, sagte Vogelsang.

Als sie sich im Wohnzimmer auszogen, beide angetrunken, gierig aufeinander, da hockte Engels als ein Klumpen Wolle am Rand des Sofas und starrte sie mit grün schillernden Augen an.

»Raus mit dir«, zischte Vogelsang und scheuchte den Kater vom Sofa. »Oder du bezahlst für die Show.«

Sie setzte sich zu Mika, umfasste seinen Schwanz, dann küssten sie sich.

Seit dem frühen Morgen lief die Observation des Restaurants in Kelsterbach.

Vogelsang war früh im Büro, und als um kurz nach acht Kösters Anruf auf ihrem Display erschien, war sie ganz euphorisch geworden: so schnell schon ein Ergebnis, hatte sie also doch recht behalten! Aber Köster rief nicht wegen der Observation an, und während sie redete, rutschte Vogelsang immer tiefer in ihren

Bürostuhl, ging dann mit dem Telefon am Ohr in die Teeküche, wo sie sich lauwarmen Kaffee einschenkte und die Tasse in zwei großen Schlucken leerte. Als Köster schließlich auflegte, setzte Vogelsang eine neue Kanne auf, stand eine Weile am Fenster und sah runter auf die Straße, bis sie hinter sich Schritte hörte.

»Morgen«, sagte Sonja. »Bist ja früh da.«

Vogelsang nickte nur.

»Irgendwas passiert? Gibt es was Neues von den Glasaalen?«

Vogelsang nickte, holte eine zweite Tasse aus dem Schrank und stellte Milch auf den Tisch. Sonja setzte sich. Die Kaffeemaschine saugte und gluckerte vor sich hin. Vogelsang rieb sich die Augen.

»Köster von der Zollfahndung hat mich gerade angerufen. Die haben den Lieferwagen verloren. Kurz vor der Grenze hatten sie ihn noch und dann war plötzlich das Signal weg«, sie starrte in ihre leere Tasse. »So was macht mich echt wahnsinnig, wenn die ihre Scheißtechnik nicht im Griff haben!«

»Kann ich verstehen, würde mir auch so gehen.«

Vogelsang stand auf und ging ans Fenster, lehnte sich gegen das Sims. Köster hatte ihr knapp von der Entwicklung der letzten Stunden berichtet: Die französischen Kollegen waren dem Lieferwagen über Paris bis Metz gefolgt, wo der Wagen in eine Kontrolle geriet. Erst im allerletzten Moment konnte verhindert werden, dass man den Transporter und die beiden Insassen aus dem Verkehr zog. An der Grenze sollte dann die Übergabe an die deutsche Zollfahndung erfolgen, und dabei sei dann etwas schiefgelaufen, die Systeme nicht kompatibel, falsche Frequenzen, jedenfalls hätten die Kollegen das Signal verloren. Köster hatte geschwiegen. Sie habe eigentlich wegen Ersuchen um Amtshilfe anrufen wollen, aber das sei jetzt hinfällig, sie könnten jetzt erst mal nur abwarten.

Abel kam in die Küche, wünschte einen guten Morgen und

schenkte sich Kaffee ein. Gegen die Spüle gelehnt, blieb er stehen und drehte die Tasse in seiner Hand.

»Irgendwelche Neuigkeiten?«, fragte er.

»Die Franzosen hatten das Signal von einem Lieferwagen und wir haben es verloren«, sagte Vogelsang und hielt Abel ihre Tasse hin, der ihr nachschenkte. »Jetzt können wir nur hoffen, dass die Observation des Restaurants was bringt.«

Abel schüttelte den Kopf.

»Europol hat vor einiger Zeit ein Projekt gestartet, European Tracking Solution oder so ähnlich, um ein einheitliches Datenprotokoll zu schaffen. Anscheinend funktioniert das aber immer noch nicht.«

»Anscheinend nicht, nein.«

»Dafür telefoniere ich morgen endlich mit Interpol.«

»Na, wenigstens etwas.«

Vogelsang kippte den letzten Rest Kaffee ins Spülbecken und machte sich wieder an die Arbeit.

Wenn die Dinge nicht liefen, begann sie damit, sich literweise Kaffee reinzuschütten und nach der vierten Tasse das erste Mal auf die Toilette zu rennen; diesen Vormittag war sie bereits zweimal dort gewesen und schon wieder verspürte sie den Drang, versuchte es aber zu ignorieren. Sie arbeitete etwas am Kleinklein der neu hinzugekommenen Fälle, hier eine Sicherheitsleistung, dort ein Bußgeld, nichts, was sie wirklich ablenken konnte.

Sie hasste es zu warten. Nichts tun zu können. Auf den Zufall, auf Glück oder sonst was angewiesen zu sein, kurz: es nicht mehr selbst in der Hand zu haben. Klar waren Fehlschläge an der Tagesordnung, niemand musste sich dafür schämen. Und trotzdem nagte so was an ihr, nicht, weil sie glaubte, etwas falsch gemacht zu haben, sondern aus dem diffusen Gefühl heraus, dass sie es den anderen immer noch beweisen müsse, den Zöllners,

Wassermann-Schlotzes und Mölders, dass die insgeheim nur darauf warteten, dass sie stolperte. Sie kannte es ja nicht anders. Sie hatte nie wirklich dazugehört, nicht zu den Hardlinern, nicht zu den Idealisten und auch nicht zu jenen, denen alles am Arsch vorbeiging. Sie machte ihr eigenes Ding, auf ihre Art, aber das ging nur, solange sie auch ab und zu ein Ass aus dem Ärmel zauberte.

Und darauf wartete sie jetzt.

Sie ging erneut auf die Toilette, wusch sich lang und gründlich die Hände, betrachtete sich im Spiegel. Es war fast Mittag, aber sie hatte keinen Hunger. Wahrscheinlich wieder einer dieser Tage, an denen sie später, irgendwann am Abend, Amon im Hafis anrufen und ihn um einen Teller mit Reis und Lammfleisch bitten würde.

Dann kam erneut ein Anruf von Köster.

»Das SEK bereitet eine Razzia vor«, sagte sie, etwas außer Atem.

»Wieso das SEK? Wer hat das angeordnet?«

»Frau Brandt. Wir haben vor etwa einer halben Stunde Sheng Wei Jen identifiziert, als er das Restaurant betreten hat. Brandt sieht Gefahr im Verzug und will den Verdächtigen da schnellstmöglich raushaben und verhaften.«

Scheiße. Sah so eine koordinierte Zusammenarbeit aus? Warum war Brandt schon wieder im Alleingang unterwegs?

»Wann soll es losgehen?«

»Die bereiten alles vor. Also sofort.«

»Scheiße«, rutschte es Vogelsang raus. »Sorry, halten Sie mich bitte auf dem Laufenden.«

»Mach ich.«

Vogelsang klatschte mit der flachen Hand auf den Schreibtisch, konnte dem Drang aber widerstehen, Brandt anzurufen. Sie stand auf, ging ans Fenster. Erst mal runterkommen. Sie setzte sich aufs Sofa, konnte aber keinen klaren Gedanken fassen. Also packte sie ihre Sachen und verließ das Büro. Sie würde jetzt sofort zum Restaurant fahren.

Vogelsang zeigte ihren Ausweis den Beamten, die am Eingang des Restaurants standen und sie mit einem Nicken durchließen. Als Erste kam ihr Köster entgegen, reichte ihr die Hand. Zumindest Sheng Wei Jen sei verhaftet worden, sagte sie und wirkte dabei ziemlich zerknirscht.

»Mir war nicht klar, dass sie sofort loslegen«, Köster senkte etwas die Stimme, stemmte einen Arm in die Seite, »ich dachte, ich informiere Brandt erst mal und dann stimmen wir uns alle ab. Jetzt sind die Schmuggler mit Sicherheit gewarnt, genau das, was wir nicht wollten.«

Die Klatsche hatte nur eine der Fliegen erwischt.

»Vielleicht packt ja Sheng Wei Jen aus.«

Köster zuckte nur die Schultern.

»Wir stehen nicht gerade gut da. Zuerst verlieren wir das Signal und jetzt vermasseln wir auch noch die Observation.«

»War nur Sheng Wei Jen im Restaurant?«, versuchte Vogelsang das Ganze abzukürzen, sie konnte es nicht ändern und versuchte, das Positive zu sehen. »Niemand vom Service? Eine junge Frau?«

»Nein.«

Hatte man sie weggeschafft, wollte man sie ebenfalls aus dem Weg haben, genau wie Luan Zhenyun?

»Schauen wir uns mal den Keller an«, sagte Vogelsang. »Ich bin mir sicher, dass das hier ihr Umschlagplatz war.«

Köster ging voran, vorbei an der Theke und in den schmalen Gang zu den Toiletten, dann eine steile Treppe hinunter in einen großen, niedrigen Raum. Vogelsang folgte ihr. Im vorderen Bereich stapelten sich Koffer und Kisten aus Styropor, ein Tisch stand verlassen mitten im Raum, weißes kaltes Deckenlicht. Es roch streng nach irgendwelchen Chemikalien.

»Hier könnte was gewesen sein«, sagte Köster.

»Ja, denke ich auch.«

»Platz genug für die Becken wäre hier. Und die Koffer da, die Kisten. Sieht danach aus, als hätte jemand schnell noch aufgeräumt.«

»Die haben schon vorher irgendwas mitgekriegt. Die wussten, dass wir kommen.«

Schritte waren auf der Treppe zu hören, und kurz darauf erschien Uwe in der Tür.

»Hier bist du«, sagte er, kam auf sie zu und reichte beiden die Hand. »Volltreffer, würde ich sagen!«

»Nicht so ganz«, sagte Vogelsang. »Die wussten Bescheid, haben aufgeräumt.«

»Ja, scheint so.« Uwe trat an eines der mit Folie abgedichteten Fenster und bohrte einen Finger durch die Abdeckung. »Dieser Sheng Wei Jen wirkte auch nicht sonderlich überrascht, hat nicht versucht abzuhauen. Und wir haben sonst nichts gefunden, nur etwas Bargeld. Die beiden Leute aus der Küche nehmen wir auch erst mal mit. Vom Besitzer keine Spur.«

»Dann hast du auch nicht die junge Frau vom Service gesehen?«

Uwe schüttelte den Kopf.

Vogelsang verschränkte die Arme vor der Brust. Die ganze Aktion war, was die Sache mit den Aalen betraf, ein ziemlicher Reinfall. Weiterhin nichts als Indizien. Dabei war sie sich so sicher gewesen. Das Restaurant bot ausreichend Platz, lag günstig, nah am Flughafen. Und warum sollte sie die junge Frau anlügen? Hatte Vogelsang sie mit ihrem Auftauchen im Restaurant und der Visitenkarte in Gefahr gebracht? Oder war der Anruf nur ein Ablenkungsmanöver und man hatte sie verarscht? Sie fuhr sich mit beiden Händen übers Gesicht.

»Alles okay, Greta?« Uwe kam zu ihr. »Riecht hier ziemlich penetrant, lass uns mal hochgehen.«

Oben im Gastraum trafen sie auf Sandra Brandt.

»Ist hier ja der reinste Justizauflauf.« Uwe konnte es sich nicht verkneifen.

»Wir haben Sheng Wei Jen und zwei Mitarbeiter aus der Küche verhaftet«, sagte Brandt, so, als müsse sie sich rechtfertigen. »Den Besitzer, Wang Jianyu, haben wir nicht angetroffen, ebenso wenig Mian Lin, eine weitere Mitarbeiterin.«

Mian Lin. Jetzt hatte Vogelsang zumindest mal einen Namen.

»Ihr hättet die Aktion mit uns abstimmen müssen«, sagte Vogelsang.

»Die OEZ hat uns über das Eintreffen von Sheng Wei Jen informiert.« Brandt machte sich gerade. »Ich musste schnell reagieren.«

»Der wäre euch nicht weggelaufen. Aber uns entwischt jetzt wahrscheinlich der Rest der Bande.«

Vogelsang war sauer, wusste aber, dass sie an Brandts Stelle wahrscheinlich genauso gehandelt hätte. Sie hätte auch abgewogen und sich dann für den Zugriff entschieden. Besser eine Sache in trockenen Tüchern, als weiter mit leeren Händen dastehen. Erfolge waren wichtig, jeder wollte sie, brauchte sie. Gerade wenn man noch am Anfang stand. Brandt ging auch nicht weiter auf ihre Äußerung ein.

»Ich wäre gern beim Verhör von Sheng Wei Jen dabei«, sagte Vogelsang.

»Lässt sich einrichten.« Brandt tippte auf ihrem Smartphone herum, bekam einen Anruf, entfernte sich ein paar Schritte.

Vogelsang folgte Uwe nach draußen auf die Terrasse. Dort standen sie unter einem der Schirme und sahen auf die Straße. Alles ruhig hier, beschaulich, Nullachtfünfzehn-Architektur mit etwas Grün dazwischen.

»Wir müssen Mian Lin finden«, sagte Vogelsang. »Sie hat mich angerufen und ich glaube, dass man sie deswegen aus dem Weg haben will, dass deshalb hier auch alles so aufgeräumt war. Die haben das rausgekriegt.«

Uwe nickte.

»Und ich glaube, dass Mathissen genau an diesem Punkt war. Er hat Beweise zusammengetragen, und dann haben die ihn ... ich weiß nicht, wie, aber er ist ganz sicher nicht von allein in den Fluss gefallen.«

Uwe nickte erneut und zog sich eine Zigarette aus der Schachtel.

»Ich schau mal, was ich wegen Mian Lin herausfinden kann«, sagte er.

»Danke dir.«

Sie verabschiedeten sich. Uwe ging zurück in den Gastraum, Vogelsang würde ins Büro fahren, für sie gab es hier nichts mehr zu tun. Uwe blieb in der Tür stehen, rief ihr zu: »Wenn das hier vorbei ist, dann gehen wir mal wieder zur Eintracht.«

»Machen wir«, antwortete sie.

»So richtig mit Vorglühen und danach noch zum Italiener.«

Vogelsang lächelte. Oldschool-Uwe.

Auf dem Weg zu ihrem Wagen traf sie auf Köster, die ebenfalls abzog. Sie hofften jetzt auf die Vernehmung von Sheng Wei Jen, mehr war im Moment nicht zu holen. Vogelsang merkte, wie sie Kopfschmerzen bekam. Zu viel Kaffee. Aber sie brauchte heute noch was gegen den Frust, eine Runde auf dem Rad oder Sex mit Mika.

Ein Polizeiwagen hatte neben ihrem Corsa geparkt, zwei Beamten standen davor, unterhielten sich, lachten. Vogelsang blieb stehen, sah die beiden Beamten an. Hatte das einer gerade wirklich gesagt?

»Können Sie Ihren letzten Satz bitte wiederholen?«, sagte sie.

Die beiden Beamten sahen sie an, erstaunt und genervt zugleich.

»Gehen Sie weiter, hier findet ein Einsatz statt«, sagte einer von ihnen und machte einen Schritt auf sie zu.

»Der Einsatz bin ich«, sagte Vogelsang und zog ihren Ausweis aus der Tasche. »Staatsanwaltschaft. Und wenn einer von Ihnen noch mal das Wort Reisfresser sagt, zerre ich Sie eigenhändig vor den Generalstaatsanwalt.«

Sie kümmerte sich nicht um die irritierten Blicke, vielleicht murmelte da auch jemand gerade eine Entschuldigung. Sie stieg in ihr Auto, startete den Motor und sah zu, dass sie wegkam.

17

Mian

Mian hockte auf der Matratze und versuchte, ruhig zu bleiben, versuchte, gleichmäßig zu atmen und nicht in Panik zu verfallen. Die weiß gefliesten Wände um sie schienen sich zu bewegen, die Decke senkte sich immer wieder herab, hob sich dann wieder. Sie hielt sich die Hände vor Nase und Mund und atmete. Sie konnte sich nicht setzen, stand, schon seit Stunden, sie wusste es nicht genau, hatte jegliches Zeitgefühl verloren.

Der Raum hatte kein Fenster. An einer Wand lag eine Matratze, das grelle Licht einer Neonröhre, die oben in die Decke eingelassen war, warf scharfe Schatten; sie ging hin und her, von der Tür zur Wand und wieder zurück. Sie lauschte. Aber da war nur ihr Körper, das Blut rauschte ihr tosend in den Ohren, jeder Atemzug hallte nach. Sie hatte keine Ahnung, wo sie war, kannte den Raum nicht. Aber sie hatte Sheng erkannt, kurz bevor man ihr im Wagen den Sack über den Kopf gezogen hatte, da hatte sie sein kantiges Gesicht vor sich gesehen.

Sie nahm an, irgendwo im Keller des Restaurants zu sein. Neben dem großen Raum für die Aale gab es noch kleinere, für Vorräte, Putzzeugs. Man hatte sie gestoßen, sie war gegen eine Wand geprallt und hatte sich den Unterarm aufgeschürft. Sie glaubte trotz der geschlossenen Tür die Aale riechen zu können, diesen üblen Geruch nach Fisch, Verwesung und Chemikalien.

Sie blieb stehen, starrte die Tür an.

Sollte sie schreien?

Aber vielleicht würde sie das nur noch wütender machen, vielleicht warteten sie gerade darauf, dass sie schrie und gegen die Tür hämmerte und allmählich den Verstand verlor.

Sie begann wieder herumzugehen.

Sie war so dumm gewesen. Wie hatte sie glauben können, dass Wang es nicht herausfinden würde?

Sie hörte Geräusche hinter der Tür, Schritte, wich zurück.

Ein Schlüssel drehte sich im Schloss und die Tür sprang auf.

Wang schlurfte herein, zog einen Stuhl hinter sich her und setzte sich. Er starrte sie an. Der Alte sah aus wie eine Statue, bleich, das Gesicht verhärtet. Hinter ihm stand ein Typ, den sie noch nie gesehen hatte. Keiner sagte etwas. Sie hörte nur ihren eigenen, schnellen Atem und das Geräusch von aufeinanderreibenden Zähnen.

»Bist du eine Verräterin, Mian?«, fragte Wang ruhig, leise, lehnte sich auf dem Stuhl zurück.

Mian schwieg. Wang wiederholte seine Frage ebenso ruhig wie beim ersten Mal. Wieder sagte sie nichts. Wang lehnte sich nach vorn und schnippte ihr etwas entgegen, eine Visitenkarte aus festem Karton, sie blieb vor ihr liegen: Staatsanwältin Greta Vogelsang.

»Du bist eine Verräterin, Mian. Eine kleine, dreckige Verräterin. Dabei hatte ich dich für klüger gehalten, zumindest für klüger als Luan, dieses nichtsnutzige Äffchen. Aber da habe ich mich wohl getäuscht.«

Wang hatte plötzlich einen Umschlag in der Hand, zog ein Bündel Fünfzigeuroscheine heraus und warf sie Mian ins Gesicht. Die Scheine streiften sie, segelten auf die Matratze.

»Ihr jungen Leute habt keinen Anstand mehr, keine Werte. Loyalität. Vertrauen. Für ein paar Euro schmeißt ihr das einfach weg. Dabei hatten wir Pläne mit dir, du hättest es weit bringen können. Waren wir denn nicht wie eine Familie für dich, mein Bruder Lee und ich? In einer Familie hält man zusammen, man vertraut einander.«

Mian konnte nichts sagen. Sie zitterte.

Da fuhr Wang vom Stuhl auf, so schnell, dass selbst der Typ hinter ihm zurückwich, trat den Stuhl um, ging auf Mian zu und schlug ihr einmal wuchtig ins Gesicht. Sie taumelte zurück, fiel auf die Matratze, verlor die Orientierung; sie spürte, wie sie eine Hand im Nacken packte und hochriss. Sie starrte in Wangs dunkle Augen, hinter seiner bleichen Wangenhaut schimmerten dünne Adern.

»Glaubst du, du kannst mich verarschen? Hältst du mich für dumm, Mian?«

Sie regte sich nicht, wusste, dass ihr Schweigen ihn noch wütender machte.

Wieder schlug Wang zu.

»Hältst du mich für dumm?«, brüllte er.

Mian schüttelte den Kopf, sie schmeckte Blut. Wang ließ sie los.

»Hast du wirklich geglaubt, deine Freundin von der Staatsanwaltschaft würde dir helfen? Hast du sie ins Restaurant gelockt und gehofft, sie würden dich da rausholen?« Wang lachte kehlig, hustete. »Die Wahrheit ist, es wird dir niemand helfen.«

Er richtete sich auf, gab dem Typ ein Zeichen. Der packte Mian und schleifte sie von der Matratze Richtung Tür. Mian strampelte mit den Beinen, begann zu schreien.

»Mach sie fertig«, keuchte Wang.

Der Typ zerrte weiter an ihr. Mian versuchte sich verzweifelt am Türrahmen festzuklammern, aber jemand schlug ihr wieder ins Gesicht. Alles um sie herum drehte sich. Sie konnte nicht schreien, krächzte nur. Sie hatte keine Kraft mehr, konnte sich nicht wehren. Sie würden sie zu den Aalbottichen schleifen und so lange unter Wasser drücken, bis sie sich nicht mehr regte. Sie würde sich in Todespanik übergeben, würde einen Stuhl umreißen, gegen die Koffer treten, aber es würde alles nichts nützen.

Und dann würde sie ruhig werden, Hunderte Fische würden um sie herumschwirren, sie umkreisen, und sie würde hinabsinken auf den Grund des Meeres.

Der Typ ließ sie los.

Mian richtete sich am Türrahmen auf.

Wang beugte sich zu ihr.

»Seit wann hast du Kontakt zu den Malaysiern?«

Mian kapierte nicht, was er meinte, schüttelte den Kopf.

»Den Malaysiern! Hast du dich für ein paar Scheine an sie rangeworfen wie eine Hure? Hast du mit ihnen gefickt? Was haben sie dir versprochen?«

Sie schüttelte wieder den Kopf. Wang stellte den Stuhl auf und setzte sich.

»Denkst du, bei denen geht es dir besser? Wenn sie haben, was sie wollen, dann verscharren sie dich irgendwo. Wir sind eine Familie, wir müssen zusammenhalten. Luan hat das nie verstanden, er dachte nur an sich selbst. Und wegen Verrätern wie euch kommt er, der gefräßige Drache, er kommt und wird alles verschlingen, was uns einmal gehörte, er kennt keine Gnade. Sie hacken dir die Hände ab und reißen dir die Zunge raus. Das sind keine Menschen, Mian.«

Wang richtete sich auf, fuhr sich über den Mund.

»Ich bin ein ehrlicher Geschäftsmann, ich zahle Steuern und versuche, meinen Landsleuten zu helfen. Aber der Drache interessiert sich nicht dafür, der will nur Gold. Er will unser Gold, verstehst du das? Und wir, die Alten, die versuchen, alles zusammenzuhalten, wir sind zu wenige, und am Ende werden auch wir gefressen.«

Wang war in sich zusammengesackt, seine Augen starrten nicht mehr sie, sondern die Wand hinter ihr an, verloren sich irgendwo in der Zeit. Und für Augenblicke saß da vor ihr nicht mehr Wang, sondern ein alter, müder Mann mit schmerzenden

Gelenken, einer, der fünfmal nachts auf die Toilette musste und gerne Kreuzworträtsel löste. Einer, der einfach nur seine Ruhe haben wollte.

Wang stand schwerfällig auf, schlurfte aus der Tür, blieb noch einmal stehen und drehte sich um.

»Es gibt immer jemanden, der stärker ist als du, aber darauf kommt es nicht an. Auch der Stärkste fällt, wenn du seinen wunden Punkt kennst.«

Er spuckte auf den Boden, dann verschwand er. Die Tür wurde zugeworfen, sie war allein.

Sie hörte das Meer rauschen. Sie sah Hongkongs Skyline vor sich, sah die Umrisse der kleinen Inseln; sie schwebte über der Stadt. Das Geräusch der Brandung war ganz nah. Dann schreckte sie wieder hoch. Wie lange war sie schon in diesem Raum? War das wirklich passiert? Wang hatte sie verschleppt, geschlagen und eingesperrt. Hatte irgendwas von Drachen gefaselt. Verlor der Alte allmählich den Verstand? Sie richtete sich auf. Ihr ganzer Körper schmerzte, die aufgeplatzte Lippe brannte, aber sie schrie nicht, sie blieb auf der Matratze sitzen und starrte die Wand an, starrte durch die Mauer hindurch auf eine wunderschöne Landschaft, einen Wald, dahinter ein See. Sie sah ihre Freundin Jamie, döste weg, Jamie umarmte sie, und sie hockten sich wie früher vor den Fernseher, schlossen die Controller an die Konsole und begannen zu zocken. Sie bemerkten nicht, wie es Nacht wurde, wie der Morgen heraufzog, unzählige flackernde Lichter über der Skyline, und sie schliefen nebeneinander auf dem Sofa ein.

Sie hörte Schritte. Sie träumte. Ihre Kehle war ausgetrocknet.

Die Tür öffnete sich, ein Windzug fuhr herein.

Sie schreckte auf, blinzelte.

Jemand stand in der Tür, sie konnte das Gesicht nicht erkennen. Eine Plastikflasche und eine Tüte wurden hereingeworfen, die Tür krachte zu.

Endlich trank sie.

Eine Portion Bratreis. Sie aß mit den Fingern, bis ihr schlecht wurde.

Sie kauerte auf der Matratze und hörte das Meer.

18

Vogelsang war spät dran.

Sie hasste es, wenn man sie warten ließ, und sie hasste es noch mehr, wenn sie selbst zu spät kam. Eigentlich war sie es, die immer fünf Minuten vorher da war und dann, wenn der andere endlich auftauchte, die Augen verdrehte oder einmal theatralisch atmete, aber jetzt hing sie bereits zehn Minuten hinter der vereinbarten Zeit. Zöllner wartete sicher schon, sah auf seine Uhr, überlegte, wie viel Zeit er ihr noch geben würde.

Sie stand im Aufzug mit zwei anderen Kollegen, die sie nur flüchtig kannte. Die einzelnen Abteilungen im Helberger-Haus waren stockweise voneinander getrennt, man hatte nicht viel miteinander zu tun, was sicher auch daran lag, dass es hier im Haus im Gegensatz zum Hauptgebäude keine Kantine gab und man mittags immer ausschwirren musste.

Vogelsang wartete ungeduldig darauf, dass die Fahrstuhltüren sich endlich öffneten. Sie hatte schlechte Laune, der Vormittag war nicht gut gelaufen. Zusammen mit Brandt war sie in die JVA I nach Preungesheim gefahren, wo die erste Vernehmung von Sheng Wei Jen angesetzt worden war. Er war noch am Abend der Razzia dem Ermittlungsrichter vorgeführt worden, der U-Haft anordnete. Die Vernehmung durch Uwe hatte dann aber nur eins ergeben: eisernes Schweigen. Auch als ihm Uwe die Fotos der Überwachungskamera vorlegte, hatte Sheng Wei Jen kein Wort gesagt, die Bilder nur kurz überflogen und dann wieder an die Wand gestarrt. Auch Brandts Frage nach den Glasaalen hatte er natürlich nicht beantwortet. Vogelsang verfolgte das Ganze im

Nebenraum am Bildschirm, und schon nach kurzer Zeit war ihr klar, dass sie aus Sheng Wei Jen nichts rauskriegen würden.

Eine andere Sache aber stand fest: Sie hatte diesen Sheng Wei Jen schon einmal gesehen, bei ihrem Besuch des Restaurants zusammen mit Mika, und wahrscheinlich war er auch der Typ gewesen, der vor Mathissens Haus herumgelungert hatte, als Franziska und sie sich verabschiedet hatten.

Jetzt stürmte sie nach draußen; die Hitze erschlug sie fast und ihr Smartphone begann zu vibrieren. Köster. Sie nahm ab.

»Wir haben wieder ein Signal.«

»Was haben wir?« Vogelsang lief Slalom um die Leute herum, vorn auf der Zeil hockte wieder dieser Typ mit Pferdekopf und spielte auf Töpfen Schlagzeug, umgeben von einer Menschentraube. Aufgrund des Lärms verstand sie Köster kaum.

»Die Franzosen haben einen der Schmuggler geortet, über sein Handy«, sagte Köster, etwas lauter.

Vogelsang blieb unter den Sonnenschirmen von Starbucks stehen.

»Die sitzen in Niederrad in einem Hotel. Schon seit gestern.«

»Dann sofort observieren«, sagte Vogelsang. »Ich habe jetzt gleich einen Termin.«

»Tut mir leid, das konnte nicht warten.«

»Alles gut, danke für Ihren Anruf. Halten Sie mich auf dem Laufenden.«

Sie legte auf, umkurvte die Stände auf der Konstabler. Endlich mal gute Nachrichten. Sie sah an einem der Stehtische Zöllner stehen, trat neben ihn und zuckte entschuldigend mit den Schultern.

»Sorry, hab gerade noch einen wichtigen Anruf bekommen.« Sie war ganz außer Atem.

Sie holten sich den Mittagstisch, Grüne Soße mit Ei und Bratkartoffeln, und sprachen, während sie aßen, über die Razzia und das Verhör. Vogelsang setzte Zöllner kurz ins Bild, und der kaute und nickte.

»Wir stehen also immer noch ziemlich blank da«, konstatierte er.

»Der Verteidiger von Sheng Wei Jen hat Haftprüfung beantragt«, sagte Vogelsang und fuhr mit einer Kartoffel durch die Soße, »aber ich denke, der Richter wird dem nicht stattgeben aufgrund der Beweise, die wir schon gegen Sheng haben. Brandt hat jetzt noch eine Speichelprobe beantragt. Außerdem wissen wir von Unterlagen aus dem Restaurant, dass dort auch Luan Zhenyun gearbeitet hat.«

Sie nahm einen Schluck von ihrer Apfelsaftschorle.

»Und wir haben wieder ein Signal von den Schmugglern, an denen der französische Zoll dran war«, sagte sie. »Die sind noch hier in Frankfurt. Wir observieren jetzt.«

»Das sind doch immerhin mal keine schlechten Nachrichten«, sagte Zöllner und schob sich die letzte Kartoffel in den Mund.

Nach dem Essen gingen sie noch ein paar Schritte. Zöllner hatte die oberen zwei Knöpfe seines Hemds geöffnet, die Haare standen ihm etwas wirr um den Kopf, als sei er gerade aus seinem Mittagsschlaf erwacht. Seit seiner Scheidung ließ er sich ein klein wenig gehen oder er genoss es einfach, wieder allein zu sein, die Wochenenden auf dem Sofa herumzulungern, spät schlafen zu gehen.

»Harte Nuss, dieser Sheng«, sagte Zöllner und zündete sich eine Zigarette an.

»Der hat erst mal nichts zu befürchten.«

»Und das trotz der Bilder der Überwachungskamera.«

»Die zeigen nur ihn. Und es ist ähnlich wie bei Mathissen: Der Fundort von Luan Zhenyuns Leiche ist nicht der Tatort. Sheng Wei Jen hat vielleicht auch nur geholfen, Luan wegzuschaffen.«

Zöllner blieb stehen, rieb sich die Stirn.

»Ich sehe da ja auch Verbindungen, Mathissen, dieser Luan, das Restaurant. Aber wir haben nach wie vor nichts Greifbares.«

»Jetzt warte mal ab«, sagte Vogelsang. »Mal sehen, was die Speichelprobe von Sheng Wei Jen ergibt. Außerdem haben wir ja jetzt auch die Schmuggler wieder unter Beobachtung.«

»Ich bin da, ehrlich gesagt, nicht so optimistisch.«

»Und wir müssen Mian Lin finden.« Vogelsang ignorierte Zöllners Skepsis. »Die könnte der Schlüssel sein, die weiß auf jeden Fall was.«

Zöllner drückte seine Kippe in eine steinerne Aschenbechersäule.

»Mal unter uns, Greta«, er sah sie kurz an, wich dann aber ihrem Blick wieder aus, »Wassermann-Schlotz hat sich bei mir beklagt, du würdest relevante Informationen im Fall Mathissen nicht weiterleiten, würdest deine Kompetenzen überschreiten und dich in die Ermittlungen von Brandt einmischen. Ich habe ihn jetzt erst mal auflaufen lassen.« Er kratzte sich am Kinn, versuchte zu lächeln. »Habe nur ich das Gefühl oder gräbt hier jeder gerade in seiner eigenen Sandkiste anstatt dass wir alle zusammenarbeiten?«

»Sag du's mir.«

»Es gibt da gewisse Spielregeln, das muss ich dir nicht erklären. Und du weißt auch, dass wir immer alle zusammen gewinnen oder verlieren, da kommt es nicht auf einzelne Abteilungen an.«

Vogelsang hatte einen trockenen Mund, die Sonne knallte auf sie herab, und der Verkehr von der Kurt-Schumacher-Straße hallte zwischen den Gebäuden dumpf wider. Sie drückte die Schultern durch.

»Also erstens: Wenn Wassermann-Schlotz ein Problem mit mir hat, dann soll er zu mir kommen und das Ding nicht hinter meinem Rücken abziehen. Zweitens: Ich sollte Brandt machen lassen und ich lasse sie machen. Und drittens: Wenn ich Montagmorgen zu einem toten Zollfahnder an den Main geholt werde, dann ermittle ich, wenn ich es für angebracht halte, und informiere, wenn Indizien zu Fakten werden. Punkt. Und wenn sich die Fälle wie jetzt dynamisch entwickeln, dann ist das nicht mein Problem, wenn Wassermann-Schlotz oder wer auch immer da nicht mehr mitkommt. Dann jucken mich, ehrlich gesagt, auch irgendwelche Spielregeln nicht mehr, dann entscheide ich.«

»Danke für die Klarstellung«, sagte Zöllner, sichtlich verblüfft.

»Keine Ursache.«

Er konnte sich ein Grinsen aber nicht verkneifen.

Sie gingen langsam zurück. Ja, die Sache war vertrackt, wobei es weniger der Fall an sich war, sondern eher das Zusammenspiel der Abteilungen, das immer wieder hakte. Eitelkeiten, kleine Machtspiele, interne Rangeleien, niemand wollte sich in den eigenen Bereich reinreden lassen, keiner zu spät am Büfett sein.

Zöllner blieb stehen, ging einen Schritt auf Vogelsang zu, stand jetzt so dicht vor ihr, dass es eigentlich schon zu nah war, zu intim.

»Da ist noch eine andere Sache, die ich mit dir besprechen wollte«, sagte er. Er hatte die Stimme etwas gesenkt, sah sich um. »Aber das machen wir nicht hier.«

»Was ist los?«

»Was Internes. Ich komme da noch mal auf dich zu.«

Er wandte sich ab, ging die Stufen zum Eingang hoch, hob die Hand zum Abschied. Vogelsang sah ihm nach und merkte, wie sich ein leichter Kopfschmerz vom Nacken her anschlich.

Es war wie so oft: Irgendjemand fühlte sich durch die Art, wie sie arbeitete, wie sie die Dinge anging, geschnitten, überrumpelt; sie, die es ja nicht mehr ausgehalten und die Abteilung gewechselt hatte. Dabei war es nichts anderes gewesen als eine weitere Stufe nach oben, etwas, was für die Wassermann-Schlotzes und Mölders und Lukics völlig normal war: Sie hatte ein Angebot bekommen und es angenommen, mehr Geld, größeres Büro, mehr Verantwortung. That was it.

Aber sie wusste natürlich auch, dass es im Moment nicht besonders gut stand: Die Razzia hatte außer der Verhaftung von Sheng Wei Jen nichts eingebracht und der machte jetzt wie erwartet den Mund nicht auf. Erste Regel der Kartelle: Wenn sie dich verhaften, halt bloß die Klappe, wir kümmern uns um alles.

Zurück im Büro, putzte sich Vogelsang auf der Toilette die Zähne. Sie hatte immer eine kleine Tasche für den Notfall deponiert: Zahnbürste, Deo, Tampons. Jetzt spülte sie sich den Mund aus und fuhr sich mit der Zunge über die Zähne.

Immer, wenn sie die Wohnung ihrer Eltern betrat, hatte sie das Gefühl, nach Hause zu kommen. Obwohl sie nie dort gelebt hatte, waren es der Geruch, der Anblick der Möbel, der Jacken und Mäntel an der Garderobe, der gerahmten Fotografien an der Wand, die Kücheneinrichtung, die sie beim Umzug vor zehn Jahren mitgenommen hatten, die Vogelsang in den ersten Augenblicken in ihre Kindheit zurückversetzten, in eine Zeit, in der ihr Vater riesige Hände gehabt und ihre Mutter duftende Umarmungen verteilt hatte.

Jetzt stand sie im Flur und hörte die Königin im Wohnzimmer schreien.

Alles Arschlöcher! Alles dumme Idioten! Niemals werde sie gehen, niemals!

Ihr Vater trat in den Flur und zuckte nur mit den Schultern, dann ging er in die Küche, und sie hörte, wie er Wasser für den Kaffee aufsetzte.

Am Mittag war die Königin entlassen worden, morgen sollte es weitergehen in die Reha, in eine Klinik in der Nähe von Fulda. Alfred würde seine Frau begleiten.

Vogelsang ging in die Küche und setzte sich an den Tisch, auf dem wie immer eine wasserabweisende Tischdecke lag, Blumenmuster, so wie sie es kannte. Ihr Vater holte zwei Tassen aus dem Schrank. Er hatte Zitronenkuchen aufgeschnitten und die Scheiben auf einem Teller angerichtet.

»Sie will nicht mit«, sagte ihr Vater, halb von ihr abgewendet.

»Was ist denn mit dem Platz in Hanau?«

»Das Heim können wir nach der Reha anschauen. Ob es dann aber einen Platz gibt, konnte mir niemand sagen.«

Ihr Vater schwieg eine Weile.

»Ich werde wohl den Garten verkaufen müssen«, sagte er leise. »Ich weiß nicht, wie ich das sonst alles bezahlen soll, das Heim, die Wohnung hier.«

»Wolltest du nicht eine höhere Pflegestufe beantragen?«

»Schon. Aber das letzte Mal hat Mama den Gutachter von der Krankenkasse angespuckt. Du weißt nicht, wie sich das anfühlt, sich dann entschuldigen zu müssen.«

»Ich kann dir helfen«, sagte Vogelsang. »Mit dem Geld.«

Ihr Vater schwieg wieder. Aber sie konnte ihm ansehen, wie ihm das alles zu schaffen machte. Er hatte sich immer auf seine Hände verlassen können, ihn jetzt so hilflos zu sehen, schmerzte Vogelsang mehr, als sie gedacht hatte.

»Weißt du, Greta, ich liebe deine Mutter, aber ich glaube, ich liebe die Helga von damals.« Er lehnte an der Anrichte und fuhr sich mit einer Hand übers Gesicht. Er sah unendlich müde aus. »Daran erinnere ich mich immer. Sonst würde ich's nicht schaffen.«

»Ach, Papa.« Vogelsang stand auf, nahm ihn in den Arm. Sie war mittlerweile größer als er, aber nicht, weil sie gewachsen, sondern, weil er mit den Jahren an Kraft verloren hatte. Seine raue Wange kratzte an ihrer.

Er sah sie an.

»Weißt du, ich denke, sie ist extra vom Baum runtergefallen, um da nicht hinzumüssen, nach Hanau. Du hattest recht, ich hätte es einfach nicht machen dürfen. Sie hat Angst bekommen.«

»Wir finden schon was.«

Ihr Vater wandte sich ab und goss den Kaffee in die Tassen.

»Greta? Bist du da? Meine Greta?«, rief die Königin aus dem Wohnzimmer.

»Ich bin da, Mama. Wir kommen gleich mit dem Kaffee.«

»Der Alfred, der braucht hier gar nicht mehr aufzutauchen, dieses Biest, der will mich verschleppen, wusstest du das, der will mich fortschaffen?«

Vogelsang drückte ihrem Vater den Arm, dann ging sie hinüber ins Wohnzimmer, wo die Königin vor dem stumm geschalteten Fernseher in ihrem Rollstuhl saß.

Später saß Vogelsang neben ihrem Vater auf der Terrasse. Alfred hatte Brote geschmiert. Die Königin schlief. Um sie herum zirpten die Grillen.

»So ist das oft«, sagte Alfred, »in einem Moment beschimpft sie dich und dann ist sie wieder ganz lieb. Ich weiß, dass das die Krankheit ist, aber es ist trotzdem schwer.«

Vogelsang biss in ein Brot mit Leberwurst.

»Du musst dich nicht entschuldigen, Papa. Wir finden einen guten Ort für Mama und dann kannst du auch wieder etwas durchatmen.«

Er nickte nur und griff nach einem Brot.

Wieder so ein Tag, der keinen Anfang und kein Ende zu haben schien, ein Tag, der sich dehnte wie ein Monat, ein Jahr, der Beginn verschwamm schon, die ersten Stunden hatten sich aufgelöst wie eine Brausetablette. Schweigend aßen sie und lauschten den Abendgeräuschen. Vogelsangs Smartphone begann in ihrer Tasche zu vibrieren.

»Ich muss da mal kurz ran.«

Sie stand auf und ging ins Wohnzimmer. Es war Tina Köster.

»Der Lieferwagen hat sich in Bewegung gesetzt, steht jetzt im Osthafen vor einer Lagerhalle. Sobald es zur Übergabe kommt, greifen wir zu.«

Vogelsang schwieg.

»Sind Sie noch da?«

»Ja, bin ich. Wo sind Sie genau?«

»Auf einem Parkplatz zwischen Lindleystraße und Querstraße, kurz nach dem Kreisel.«

Hatte sie sich mit dem Restaurant doch geirrt? War die Lagerhalle der Umschlagplatz und das Restaurant nur ein Ablenkungsmanöver, Fassade?

»Ich komme zu Ihnen«, sagte Vogelsang.

»Ich weiß nicht, ob das eine gute Idee …«

»Bis gleich.«

Sie legte auf, ging zurück auf die Terrasse, um ihrem Vater zu sagen, dass sie jetzt leider schnell verschwinden müsse. Aber Alfred Vogelsang war bereits auf seinem Stuhl eingenickt, ein müder alter Mann mit einem feinen Lächeln auf den Lippen.

Vogelsang strich ihm sanft über die Wange, dann ging sie.

19

Paul

Da waren überall Augen und Kameras. Da bewegte sich ständig etwas, hinter den Vorhängen, draußen auf dem Parkplatz. Da waren Schritte im Gang, die ganze Zeit, aber wenn er durch den Türspion nach draußen sah, war da nichts.

Paul stand im Bad vor dem Spiegel und ließ sich kaltes Wasser über die Hände laufen, drückte sie sich ins Gesicht. Wie lange hatte er nicht geschlafen? Wie spät war es? Mittag vielleicht, er hatte keine Ahnung. Seit gestern Morgen hockten sie in diesem Hotelzimmer, schauten fern, gingen raus, um zu rauchen, warteten. Einen Teil der Ladung hatten sie bereits ausgeliefert, aber dann war irgendwas schiefgelaufen. Sie hatten noch mehrere dunkle Styroporbehälter im Lieferwagen. Immer wieder hatte Samy mit dem Boss telefoniert, aber der konnte ihnen auch nichts Genaueres sagen, als dass sie im Zimmer bleiben und weiter warten sollten. Ist noch nie passiert, hatte Samy gesagt und mit den Schultern gezuckt.

Der Fernseher lief. Auf dem kleinen Tisch standen die Tüten eines Schnellrestaurants, drum herum lagen die Verpackungen der Burger. Samy war auf dem Bett eingeschlafen, den Kopf zur Seite gedreht.

Paul ging ans Fenster und sah auf den Parkplatz hinunter. Alles war ruhig. Aber er war sicher, dass sie schon da waren, irgendwo da unten, und auf ihn warteten. Spätestens seit der Kontrolle auf der Autobahn, als Samy plötzlich die Knarre in der Hand gehabt hatte, war ihm klar geworden, dass die Sache hier völlig außer Kontrolle war. Das war nicht nur einfach herumfahren und Sachen ein- und wieder ausladen, warum sonst brauchte Samy eine Knarre, warum sonst hatten ihn die Bullen mit dem kleinen Ding losgeschickt, drohten ihm mit Knast? Und jetzt hing er in diesem Hotel fest und keiner konnte ihm sagen, wie lange noch. Er wollte zurück nach Nantes, zurück zu Patricia.

Gestern hatte er sie angerufen und gesagt, es würde noch etwas dauern, er wisse nicht genau, wie lange. Sie wollte wissen, wo er war, und als er sagte, in Deutschland, in Frankfurt, da hatte sie geschwiegen. Er hatte gesagt, er würde bald zurückkommen, und sie hatte mit Ja, okay geantwortet und aufgelegt.

Paul spürte ein Stechen hinter der Stirn, seine Augen tränten. Er hatte versucht zu schlafen, neben Samy auf dem Kingsize-Bett, aber die Angst hatte ihn wachgehalten. Die Angst, er würde im Schlaf zu reden beginnen oder das kleine Ding würde ihm aus der Hosentasche rutschen und Samy es finden. Er sah ihn vor sich hocken, die Knarre auf ihn gerichtet: kleiner, dreckiger Verräter!

Er wollte gar nicht wissen, was in den Kisten war, interessierte ihn nicht. Er wollte nur zurück nach Hause, wollte in Ruhe gelassen werden, irgendeinen Job machen. Aber ging das überhaupt noch? Würden die Bullen ihn wieder in Ruhe lassen oder würden sie von ihm verlangen, weiter für sie zu arbeiten? Und Samy, konnte er dem überhaupt noch trauen?

Samy grunzte leise im Schlaf. Paul zog sein Smartphone aus der Tasche und strich über die gesplitterte Stelle. Er hockte sich aufs Bett, sah zum Fernseher. Ein Zeichentrickfilm. Samy liebte Zeichentrick. Eine Katze jagt einen Hund, eine Maus verarscht eine Katze, so was. Er überlegte, ob er die Bullen anrufen und ihnen sagen sollte, dass sie sich geirrt hatten, dass sie nur Kisten mit Fisch auslieferten und keine Drogen oder Waffen oder sonst was. Sie konnten die ganze Aktion abblasen, sollten sich verpissen, falscher Alarm.

Er stand auf, hatte wieder Tränen in den Augen. Jetzt nicht durchdrehen, reiß dich zusammen. Sein Smartphone begann zu summen. Es war Patricia. Er ging ins Bad, schloss die Tür und hockte sich auf den Klodeckel.

»Was ist da los bei dir, du bist jetzt schon zwei Tage weg!«

»Es gibt Verzögerungen, weiß auch nichts Genaues.«

»Bist du immer noch in Frankfurt?«

»Ja, bin ich.«

Sie schwieg. Im Hintergrund hörte er Straßengeräusche. Wahrscheinlich hatte sie Frühdienst gehabt und war auf dem Heimweg.

»Ist alles okay bei dir?«, fragte Patricia. »Du hörst dich komisch an.«

»Ja, alles okay.«

»Verarsch mich nicht, Paul, ich höre dir an, dass bei dir was nicht stimmt. Ist Samy bei dir?«

Er schwieg.

»Wieso lügst du mich an?«

»Ich hab dich nicht angelogen.«

»Du hättest mir sagen können, dass du mit Samy unterwegs bist. Du bist einfach nicht ehrlich zu mir. Das ist dein Problem.«

Wieder schwieg er. Er hasste es, wenn Patricia recht hatte, er hasste sich selbst, seine Unehrlichkeit, seine Blödheit zu glauben, Patricia würde nichts merken. Sie war schlau, sie bekam alles mit, und auch dafür liebte er sie. Aber gerade tat er alles dafür, dass sie ihn abschoss.

»Es ist nur ein Job. Ich kriege richtig viel Geld.«

»Mir geht's aber nicht um Geld, Paul, und das solltest du wissen. Mir geht's um dich.«

Er schluckte.

»Ja, weiß ich.«

»Okay, ich muss mich jetzt mal hinlegen, bin todmüde. Wenn du weißt, wann du kommst, sag Bescheid.«

»Patricia ... ich liebe dich.«

»Ja, ich dich auch.«

Ihre Stimme klang blechern, weit weg. Dann legte sie auf. Er starrte das Display an. Die Tür ging auf, Samy taumelte ins Bad.

»Was machst du da?«

»Nichts.«

»Ich muss mal pissen.«

Paul ging zurück ins Zimmer, sah aus dem Fenster. Samy kam aus dem Bad, gähnte.

»Hast mit deiner Freundin telefoniert? Wie hieß die noch mal?«

»Patricia.«

»Ja, Patricia.« Samy warf sich aufs Bett. »Von der würd ich mich auch gern mal behandeln lassen.« Er grinste schief.

Ich könnte ihn einfach mit einem der Kissen ersticken, dachte Paul, würde keiner merken.

»Jetzt guck nicht so scheiße, war doch nur ein Witz, nur ein Witz, Mann.«

»Wann fahren wir zurück?«

»Wenn wir das Zeug abgeliefert haben. Jetzt entspann dich mal.«

»Ich geh raus.«

Samy zuckte nur mit den Schultern und begann durch die Fernsehprogramme zu zappen. Paul steckte sein Smartphone ein und verließ das Zimmer. Im Gang war niemand, auch nicht im Aufzug. Er fuhr hinunter in die Lobby, wo gerade eine Reisegruppe eincheckte und ein ziemliches Durcheinander herrschte. Er ging nach draußen und lief über den Parkplatz vor zur Straße. Es war noch immer ziemlich warm und ihm wurde kurz schwindelig. Er blieb stehen, rieb sich die Augen.

Er konnte ja auch einfach verschwinden. Er holte das schwarze Ding aus der Hosentasche, ein unscheinbarer kleiner Kasten, drehte es, klopfte dagegen. Die konnten ihn alle mal. Er sah sich um, dann warf er das Ding mit einer schnellen Bewegung zwischen die Büsche einer Brachfläche. Er würde einfach sagen, es sei kaputtgegangen. Und außerdem müssten sie ihm erst mal was nachweisen, so einfach kam niemand in den Knast. Scheiß auf die.

Er ging weiter, an der Straße lang. Er spürte die Hitze, die vom Asphalt aufstieg. Ein warmer Wind ging. Hatte er denn nicht alle Möglichkeiten, stand ihm nicht alles offen? Er sah einem landenden Flugzeug nach, das hinter den Bürotürmen verschwand.

Seine Eltern waren nie aus Nantes rausgekommen, für einen kurzen Urlaub vielleicht mal, aber eigentlich war dafür nie das Geld da gewesen. Er hatte auch nie weggewollt, warum auch, er liebte Nantes, das Meer und den Fluss, aber vielleicht hatte er einfach auch nur Schiss gehabt, hatte geglaubt, daheim in Nantes würde sich schon alles ergeben. Aber vielleicht hätte er doch längst mal losziehen müssen, es musste ja nicht gleich Amerika sein, nach Paris vielleicht oder nach Marseille. Einfach mal machen. Klang ein bisschen wie ein dämlicher Werbespruch, aber so war es eben.

Er drehte sich um, sah zum Hotel. Sollte er doch wieder bei Carrefour anfangen? Die zahlten wenigstens pünktlich. Er spuckte auf den Asphalt und trat mit dem Schuh auf den Klecks. Bin hier gewesen, dachte er. Dann ging er zurück ins Hotel.

Paul schreckte hoch. Samy stand vor ihm und grinste. Er musste geschlafen haben, hatte geträumt. Und jetzt war da Samys Grinsen über ihm. Hatte er im Schlaf gesprochen? Er richtete sich auf.

»Wir müssen los«, sagte Samy. »Der Boss hat gerade angerufen. Wir sollen die Ware jetzt abliefern. Dann fahren wir zurück.«

Paul fuhr sich übers Gesicht.

»Wie spät ist es?«

»Kurz vor neun.«

»Und dann fahren wir zurück?«

»Ja, los, mach schon. Ich hab keinen Bock mehr, noch länger hier rumzuhängen.«

Paul taumelte verschlafen ins Bad, schlug sich Wasser ins Gesicht, dann zog er sich die Sneakers an, Samy wartete schon im Flur. Sie checkten aus, stiegen in den Lieferwagen.

Samy hatte das Fenster heruntergelassen und lotste Paul mithilfe seines Handys durch die Straßen Frankfurts. Auf der anderen Seite des Flusses streckten sich Hochhäuser in den Abendhimmel, wie in Scheiß-New York, sagte Samy, während er Fotos machte. Sie überfuhren eine Brücke, bogen in eine ruhige Straße ein. Kräne und Lagerhallen, ein paar Radfahrer kamen ihnen entgegen. Samy sagte, hier ist es, und Paul lenkte den Lieferwagen auf einen Parkplatz vor einer Halle. Wieder warten. Draußen war alles ruhig, er konnte den warmen Asphalt riechen. Die Umgebung war ziemlich trostlos. Aber bald würde er wieder zu Hause sein. Bald würde er wieder neben Patricia liegen und ihre Haare riechen.

Nach einer halben Ewigkeit öffnete sich endlich ein Tor der Lagerhalle. Zwei Männer traten heraus, einer war jung, trug eine Basecap, der andere war älter, aber unmöglich zu sagen, wie alt. Beide trugen Sonnenbrillen.

»Okay«, sagte Samy, »ich rede kurz mit denen.«

Sie stiegen aus. Paul blieb neben dem Lieferwagen stehen, während Samy zu den Männern ging und mit ihnen sprach. Paul konnte sie nicht verstehen. Irgendwo dahinten musste der Fluss sein, eingezwängt zwischen Lagerhallen und viel Beton. Samy kam zu ihm zurück.

»Alles klar«, sagte er und grinste. »Wir laden die Kisten aus und dann verschwinden wir.«

Paul nickte. Er war froh, dass es endlich zu Ende war.

Er öffnete die Ladetüren und stieg ins Innere, schob die Styroporkisten nach vorn und schleppte dann die erste zu den beiden Männern. Samy machte sie auf, die beiden Männer sahen hinein, sprachen kurz miteinander und nickten. Paul ging zum Lieferwagen zurück, holte die anderen Kisten. Sie waren so gut wie fertig – dann zurück auf die Autobahn, raus aus dieser merkwürdigen Stadt.

Plötzlich waren da Motorengeräusche, die schnell näherkamen.

Paul stellte die Kiste ab.

Zwei dunkle Vans rasten heran, bremsten scharf.

Paul war sofort klar, was das bedeutete.

Er sah zu Samy. Er sah, wie Samy die Knarre aus seiner Hosentasche zog und ihm etwas zurief, das er nicht verstand.

20

Vogelsang parkte vor dem Kreisel und blieb noch einen Augenblick sitzen, wartete. Die Sonne stand tief, warf lange Schatten. Die Gegend am Osthafen war um diese Zeit fast ausgestorben, das Geschäftstreiben endete am Hafen irgendwann nachmittags und dann kamen hier allenfalls noch ein paar Angler und verirrte Radfahrer vorbei. Sie stieg aus, erkannte Uwe auf der anderen Straßenseite neben seinem Dienstwagen.

»Du auch hier«, sagte sie.

»Wenn's spannend wird«, sagte er und grinste.

Köster trat zu ihnen, nickte Vogelsang zu.

»Die stehen da drüben vor der Lagerhalle«, sagte sie, »haben gerade damit begonnen zu entladen.«

Jetzt sah Vogelsang auch die beiden dunklen Wagen des OEZ, die mit laufenden Motoren auf das finale Kommando warteten.

»Wir greifen jetzt zu«, sagte Köster und gab über Funk das Go.

Die Wagen starteten, die Motoren heulten kurz auf, dann brausten sie um die Kurve. Köster, Vogelsang und Uwe folgten ihnen auf dem Gehweg, in leichtem Laufschritt. Vogelsang konnte die Funksprüche hören, quietschende Bremsen, Kommandos wurden gebellt.

Und dann war da plötzlich ein Geräusch, das sie nicht sofort zuordnen konnte.

Ein Geräusch, das niemand erwartet hatte.

Sie hörte Stimmen, runter auf den Boden, runter auf den Boden. Sie hörte alles und sah nichts, und die schwarzen Schatten zogen auf, der Geruch nach verbranntem Gummi und Blut, etwas drückte sie nach unten, hinter einen geparkten Wagen, das Atmen fiel ihr schwer.

Runter auf den Boden! Runter! Runter!

Sie spürte, wie sie auf den Asphalt gedrückt wurde.

Schüsse peitschten durch die Luft.

Gebrüll. Runter auf den Boden.

Sie schloss die Augen.

*

Paul konnte sich nicht rühren, er stand da wie gelähmt. Er sah die beiden Vans, sah, wie sich die Türen öffneten und dunkel maskierte Männer heraussprangen, die sofort zu brüllen begannen. Er hörte ihre Stimmen, verstand aber nicht, was sie riefen.

Er sah zu Samy.

Auch Samy brüllte. Aber auch ihn verstand Paul nicht.

Er duckte sich.

Er sah, dass Samy die Knarre in der Hand hielt. Die Beamten brüllten. In Pauls Ohren rauschte es, ein ohrenbetäubender Lärm war um ihn; er machte zwei Schritte auf den Lieferwagen zu, schließlich hatte Samy gesagt, dass sie jetzt endlich heimfahren würden. Er hatte den Job erledigt, hatte alles getan, was man ihm gesagt hatte, und jetzt wollte er nur noch nach Hause.

Als der erste Schuss fiel, glaubte Paul, es habe einen Unfall gegeben, ein Reifen sei geplatzt. Aber dann sah er Samy. Samy hatte geschossen. Die kleine schwarze Knarre in seiner Hand sprang hin und her, und er feuerte noch einmal, nicht gezielt, der Rückstoß riss ihm den Arm nach oben. Samy taumelte. Die Beamten duckten sich, suchten Schutz hinter ihren Wagen.

Dann begann Paul zu rennen.

Er dachte nicht nach, er wusste nicht, was er tun sollte, aber sein Körper wusste es. Mit gesenktem Kopf stürzte er los, in die Richtung, in der es am hellsten war, auf den Fluss zu. In seinem Rücken wahnsinniges Getöse, jemand brüllte Stopp! Stopp!, aber das galt nicht ihm, denn er musste jetzt sofort zurück nach Hause, zu Patricia.

Da vorn war Platz, dort war es heller. Dorthin musste er.

Plötzlich spürte er einen stechenden Schmerz im Rücken, er stolperte, fiel. Stopp! Er würde den Bullen gar nichts sagen können, er war nur der Fahrer, er hatte keine Ahnung, was in den Kisten war. Er rappelte sich wieder auf, spürte keine Schmerzen, keine Angst, nur das überwältigende Gefühl, schneller sein zu müssen, ins Licht zu kommen. Er bekam für Augenblicke keine Luft mehr, dann rannte er weiter.

Da vorn war der Fluss. Er wusste es, ohne das Wasser zu sehen.

Er erreichte die Kaimauer, er sah sich nicht um.

*

Mian schreckte hoch. Für Augenblicke wusste sie nicht, wo sie war, aber dann kam alles zurück. Sie war irgendwo im Keller des Restaurants, in einem gefliesten Raum, in den sie Sheng geschleift hatte. Hatte da jemand von außen gegen die Tür gehämmert?

Sie fröstelte. Alles war still.

Sie war allein, hockte auf der Matratze, den Kopf auf den Knien, der Geruch von Urin und altem Essen umgab sie. Sie hatte lange versucht, es einzuhalten, aber schließlich wurde der Schmerz zu groß. Sie hatte versucht, in eine der Flaschen zu pinkeln, hatte dann die Styroporschachtel genommen, aus der sie den Bratreis gegessen hatte.

Sie hatte geweint, vor Scham, aus Angst.

Sie hatte die glatten Wände angestarrt.

Sie war weggedöst.

Wieder mehrere dumpfe Schläge. Sie horchte. Randalierte da jemand in der Küche? Aber es klang anders, schnell aufeinanderfolgend, wieder Pause. Dann ging es erneut los. Sie krabbelte vor an die Tür, legte ihr Ohr an das kühle Metall. Sie konnte Stimmen hören. Es wurde gebrüllt, dumpfe Schritte. Das waren nicht Wang oder Sheng. Da passierte etwas anderes. Waren das die Männer vom Flughafen? Überfielen die gerade das Restaurant?

Sie richtete sich auf, lehnte sich an die Tür. Panik ergriff sie. Niemand außer Wang wusste, dass sie hier unten war. Und wenn Wang verschwand, würde sie nie wieder hier rauskommen.

Dann hörte sie, wie sich jemand an der Tür zu schaffen machte, und Augenblicke später flog sie krachend auf. Wang stand vor ihr, aber er sah nicht aus wie Wang. Es war ein alter, dünner Mann, dem die Panik das Gesicht bleichte. Er starrte sie aus dunklen, leeren Augen an. In der Hand hielt er eine Pistole.

Wortlos packte er sie am Arm, und als sie sich nicht vom Fleck rührte, hielt er ihr den Lauf der Waffe mitten ins Gesicht.

»Komm mit«, sagte er tonlos.

Er zerrte sie mit sich. Mian war sich sicher, dass sie hier nicht lebend rauskommen würde.

*

Paul blutete. Er hatte Mühe zu atmen, sein Rücken brannte, aber er spürte keinen Schmerz, nur ein warmes, kribbelndes Gefühl in den Beinen.

Er musste jetzt nach Hause.

Er war ein guter Schwimmer, war er schon immer gewesen. Er hatte sich nie vor dem Wasser gefürchtet wie Patricia oder seine

Mutter, die nur bis zu den Knöcheln ins Meer gingen, während er sich wie besinnungslos in die Wellen stürzte und gegen den Sog kraulte, hinausschwamm. Auch jetzt fürchtete er sich nicht, sah unter sich den Fluss glitzern. Das Gleißen des Wassers stach ihm in die Augen, und er blinzelte.

Er sah an sich herunter.

Dann sprang er.

Seine Beine strampelten, er ruderte mit den Armen, raste aufs Wasser zu. Er würde einschlagen, es würde ihm den Kopf nach hinten reißen und er würde einen heftigen Druck auf den Ohren spüren.

Er sah nach oben. Ich bin bald zurück, wollte er rufen. Aber er konnte nicht.

Er legte die Arme eng an den Körper.

Alles würde gut werden.

*

Vogelsang kauerte noch immer auf dem Boden, neben Uwe und Köster. Sie hatte die Augen geschlossen, vor ihr zogen Bilder auf: Da waren Helme und Schilder und Knüppel, Schreie aus den Gängen, Gebrüll hinter den Wänden. Sie schwitzte und traute sich nicht zu atmen, kauerte in der engen Kammer, sie zitterte so heftig, dass alles um sie herum in Schwingung geriet. Wo war sie hier? Da waren die Lederhandschuhe der Beamten, die sie packten, das Geräusch von Knüppeln, die gegen Wände und Türen schlugen, sie wurde zu Boden gedrückt, Finger im Gesicht, Salziges auf der Zunge, runter auf den Boden, Stück Scheiße, *pezzo di merda, pezzo di merda.*

Vogelsang nahm den Kopf wieder hoch, blinzelte. Alles war noch da, Arme und Beine. Sie hörte Uwes Stimme, er zog sie hoch, sie sah Köster in der Hocke neben sich. Alles okay, hörte sie sie sagen und nickte. Ihre Knie zitterten etwas, aber sonst war sie okay, alles noch da, wo es sein sollte.

»Scheiße«, sagte Uwe.

Sie überquerten die Straße und näherten sich der Lagerhalle. Die Lage war unübersichtlich: Vor und hinter dem weißen Lieferwagen standen die Fahrzeuge des OEZ mit geöffneten Türen, eine Scheibe war zu Bruch gegangen, die vorderen Reifen des Lieferwagens zerschossen. Die Beamten bildeten vor dem Lieferwagen ein dunkles Knäuel, einige stürmten gerade in die Lagerhalle, andere rannten vor zur Kaimauer.

Funksprüche in der Luft.

So eine Scheiße.

*

Mian begriff jetzt, dass sie gar nicht im Restaurant war, sondern in irgendeiner Lagerhalle. Paletten und Kisten standen herum, ein altes Auto ohne Räder, ein Hubwagen. Das Tor war geöffnet und sie konnte dort drüben die Schatten von Menschen erkennen, dunkle Umrisse, Stimmen waren zu hören. Police! Police! Aber Wang achtete nicht darauf, er zerrte sie weiter zwischen zwei Regale, auf eine Tür zu. Mian wusste, dass er sie diesmal nicht davonkommen lassen würde; hier passierte etwas, das Wang nicht mehr unter Kontrolle hatte, er betrachtete sie als Verräterin und alle Beteuerungen würden ihr nichts nützen. Sie blieb stehen. Wang drehte sich zu ihr um, zischte etwas. Sie schüttelte den Kopf. Hinter sich hörte sie Stimmen, da waren schnelle Schritte. Wang hielt ihr die Waffe vors Gesicht, aber Mian rührte sich nicht, war wie gelähmt. Sie würde auf keinen Fall mit ihm durch diese Tür gehen. Sie war sich sicher, keinen Schritt mehr weiterzukönnen. Wang lockerte seinen Griff um ihren Arm, senkte den Blick. Mian nutzte diesen kurzen Augenblick: Sie riss sich los, schlug nach der Waffe und sah, wie Wang zur Seite taumelte. Sie duckte sich und lief am Regal weiter, kauerte sich hinter einen Stapel Kartons. Police! Police! Sie konnte Wang an der Tür hantieren sehen, von hinten näherten sich dunkel gekleidete Gestalten, sie zielten mit ihren Waffen auf Wang. Get down, get down! Wang wandte den Kopf, Mian richtete sich auf und rannte Richtung Tor. Sie hörte Stimmen hinter sich, blieb aber nicht stehen.

Das Licht brannte in ihren Augen und sie blinzelte. Da waren Fahrzeuge, die dunklen Umrisse von Menschen, da war irgendwo auch ein Fluss, und sie sah darüber an der Kaimauer eine Gestalt auf dem Geländer stehen, die plötzlich sprang.

Mian hob die Hände. Man brüllte noch immer, aber sie verstand nicht, ob die Worte ihr galten. Sie ging weiter, merkte, dass sie kaum noch Kraft hatte, ihr wurde übel. Dahinten, hinter einem der Wagen, erkannte sie plötzlich ein ihr vertrautes Gesicht, dahin wollte sie. Aber aus den Augenwinkeln sah sie die dunklen Gestalten auf sie zukommen, sie durfte nicht stehen bleiben.

»Nicht schießen!«, hörte sie jetzt die Frau rufen. »Nicht schießen!«

Mian taumelte noch einige Schritte vorwärts, dann sackte sie zusammen.

*

Vogelsang war mit wenigen Schritten bei Mian und kniete neben ihr.

»Mian Lin?«

Die junge Frau nickte.

»Wir brauchen hier mal Hilfe!«, rief Vogelsang, und zu den Beamten gewandt sagte sie: »Ich kenne sie, alles okay.«

»Hilfe ist unterwegs«, hörte sie Köster rufen.

Sirenen über den Dächern.

Eine Armada an Fahrzeugen näherte sich, Feuerwehr, Rettungswagen, die Polizei sperrte die Zufahrtsstraßen ab. Zwei Sanitäter kamen zu Vogelsang, und zu dritt brachten sie Mian in den Rettungswagen. Dort legte sie sich auf die Trage, der Notarzt maß den Blutdruck, sie bekam etwas Sauerstoff.

»Wir bringen Sie jetzt erst mal ins Krankenhaus.« Vogelsang öffnete eine Flasche Wasser und reichte sie Mian. »Verstehen Sie mich? We take you to the hospital.«

Mian nickte.

»Und morgen reden wir dann, wenn es Ihnen besser geht.«

Vogelsang stieg wieder aus, atmete durch. Man sperrte alles mit Flatterbändern ab, die KTU rückte an. Mobile Scheinwerfer leuchteten die Szenerie gleißend hell aus. Sie stand etwas verloren im gut organisierten Chaos; jeder wusste, was er zu tun hatte, nur sie nicht. Ihr zitterten noch immer die Knie und sie hatte den Geschmack von verbranntem Gummi im Mund. Einer der Schmuggler war offenbar ins Hafenbecken gesprungen, weshalb vorn am Kai zwei Taucher ihre Ausrüstung anlegten. Alles passierte schnell, aber ohne Hektik, professionell, eingeübt.

Uwe trat neben sie.

»Alles okay bei dir?«, fragte er.

»Dafür, dass man gerade noch auf uns geschossen hat, ja.«

»Alles eine Sache der Gewöhnung.« Uwe lächelte und hielt ihr seine Kippenschachtel hin.

Vogelsang zögerte kurz, dann zog sie sich eine aus der Packung, Uwe gab ihr Feuer. Sie fragte sich, ob er gerade den starken Mann markierte oder ob ihn die Zeit im Bahnhofsviertel einfach abgestumpft hatte. Sie gingen vor an den Fluss.

»War das Mian Lin?«, fragte Uwe.

Vogelsang nickte.

»Die haben sie wahrscheinlich hier eingesperrt. Ich glaube, wir haben sie da gerade noch rechtzeitig rausgeholt.«

Sie sahen, wie Beamte einen weiteren Mann aus der Lagerhalle zu einem der Polizeiwagen führten.

»Dann haben ja doch mal die Guten gewonnen.«

Vogelsang wurde übel. Sie ließ die halb heruntergerauchte Zigarette fallen und trat sie aus, verschränkte die Arme vor der Brust und sah hinunter ins Hafenbecken, wo die Feuerwehrtaucher gerade die Leiche eines jungen Mannes bargen.

»Keine Ahnung, wer die Guten und wer die Bösen sind. Weißt du das immer? Ich nicht.«

Uwe zuckte mit den Schultern.

»Du musst dich halt ständig entscheiden, jeden Tag«, sagte er. »Und erst viel später kapierst du vielleicht, auf welcher Seite du stehst.«

Sie gingen zurück zum Lieferwagen. Französisches Kennzeichen, ein Fisch im Logo. Einschusslöcher. Köster berichtete, dass sie mehrere Verdächtige festgenommen hätten. Einer von ihnen gehörte zum Lieferwagen, der habe auf sie geschossen, ein weiterer sei angeschossen worden und in den Fluss gesprungen. Vogelsang nickte, erkundigte sich nach den Kisten, und Köster wies zum Eingang der Lagerhalle. Auf dem Weg dorthin blieb Vogelsang vor einem der Einsatzfahrzeuge stehen. Darin saß einer der Schmuggler, ein junger Typ, vielleicht Mitte zwanzig, raspelkurzes Haar, Dreitagebart. Er starrte vor sich auf den Sitz, dann hob er den Blick, sah zu ihr. Er wirkte auf seltsame Art gelassen, lehnte sich zurück. Grinste er?

Ja, man musste sich täglich entscheiden. Und diese Entscheidungen hatten sie alle an diesen Ort geführt, Mian Lin, die Schmuggler aus Frankreich, sie, Greta Vogelsang. Sosehr sie auch glauben mochte, dass man sein Schicksal irgendwie beeinflussen konnte, dass man den Weg bestimmen konnte, den man gehen wollte, so hatte man es schlussendlich doch nicht in der Hand. Schlussendlich lief das alles nach Regeln, die sie weder verstehen noch beeinflussen konnte.

Die Kisten waren unversehrt. Sie hob einen Deckel an und sah ein dunkles Gewimmel, Tausende kleine Aale. Köster trat neben sie.

»Ich informiere das Umweltamt«, sagte sie. »Die müssen die Aale begutachten und schätzen, wie viele da in den Kisten sind.«

Vogelsang nickte. Sie würde die Behälter so schnell wie möglich freigeben, die Tiere mussten in den Fluss.

Der Leichenwagen fuhr vor, und die ersten Einsatzfahrzeuge zogen ab. Uwe sprach kurz mit den Leuten der KTU, dann verabschiedete er sich von Vogelsang und Köster. Vogelsang wollte auch weg und reichte Köster die Hand, sie würden in Kontakt bleiben. Sie ging neben Uwe zu ihrem Wagen, beide schwiegen. Es war nun fast ganz dunkel, das Licht der Straßenlaternen machte alles diffus, körnig. Vogelsang öffnete die Fahrertür, Uwe lehnte sich gegen die Seite ihres Wagens.

»Hätte nicht gedacht, dass das so eskaliert«, sagte er.

»Ich auch nicht. Und das wegen ein paar Aalen.«

Vogelsang stieg ins Auto, zog die Tür zu und kurbelte das Fenster runter. »Ich muss ins Bett. Morgen wartet eine Menge Arbeit.«

Uwe nickte und klopfte aufs Dach.

»Wir sehen uns.«

Vogelsang wendete und fuhr über die Osthafenbrücke zurück auf die andere Mainseite, fädelte in den Verkehr ein, der noch immer nicht weniger werden wollte, obwohl es bereits nach zehn war. Sie hielt an einer roten Ampel, sah zu den anderen Fahrzeugen. *Pezzo di merda,* schwirrte es ihr durch den Kopf, und ihre Arme begannen erneut leicht zu zittern. Sie musste das Lenkrad mit beiden Händen packen. *Pezzo di merda.* Lange waren die

Schatten von früher verschwunden gewesen, aber in letzter Zeit zeigten sie sich wieder, schwach zwar, aber so, dass sie die Kühle, das Unaussprechliche fühlen konnte und eine Gänsehaut bekam. Und dann begriff sie plötzlich, dass da heute Abend ein Mensch gestorben war, jemand, der noch etwas mit seinem Leben vorgehabt hatte, es traf sie mit der Wucht einer heftigen Backpfeife. Die Ampel sprang auf Grün, aber sie fuhr nicht an. Sie starrte durch die Frontscheibe auf den erleuchteten Asphalt, der sich zu bewegen schien. Hinter ihr begann es zu hupen. Sie umklammerte das Lenkrad, die Fingerknöchel traten weiß hervor, dann erwachte sie, war wieder da.

Sie hupte selbst einmal und gab Gas.

21

Vogelsang sah dabei zu, wie die Blasen vom Boden des Glases nach oben sprudelten und sich die Aspirintablette langsam aufzulösen begann. Dann nahm sie einen ersten Schluck, wartete das kurze Stocken im Hals ab, trank das Glas leer.

Sie hatte kaum geschlafen.

Was um alles in der Welt war mit den Menschen los? Jetzt gab es im Zusammenhang mit den Glasaalen schon drei Tote und für was? Für eine Plastiktüte voller Geldscheine? Sie wusste, dass diese Fragen nichts brachten, dass sie davon nur Kopfschmerzen und schlechte Laune bekam, aber sie war sie in dieser Nacht einfach nicht losgeworden. Um halb sechs war sie wieder aufgestanden, hatte sich auf die Terrasse gesetzt und Marx und Engels bei ihrem morgendlichen Putzritual zugesehen, hatte Kaffee gekocht und versucht, sich einen Plan zu machen, ganz rational, hatte versucht, Ordnung ins Chaos zu bringen. Hinter dem Haus war langsam die Sonne aufgegangen. Sie kraulte Marx eine Weile, während Engels miauend vor der geschlossenen Tür saß und sein Frühstück verlangte. Verfressener Engels! Also hatte sie den beiden die Schalen mit Trockenfutter gefüllt und ihnen beim Fressen zugesehen. Wie beruhigend, dass es sie gab, diese beiden Kater, die durch die Gegend streiften und morgens jammernd zurückkehrten, sich ein bisschen kraulen ließen, um sich nach dem Essen dann in den Garten zu verziehen und zu pennen. Irgendwann war Mika in die Küche gekommen, hatte ihr schweigend seine Hand in den Nacken gelegt, und beide hatten sie den Vögeln gelauscht. Willst du auch ein Müsli, hatte er sie gefragt, und sie hatte genickt.

Ihre Kopfschmerzen ließen langsam nach und sie arbeitete konzentriert die dringendsten Aufgaben ab: Sie telefonierte mit Köster und besprach mit ihr das weitere Vorgehen. Sie brauchte schnellstmöglich die Berichte über den gestrigen Einsatz, über die Observation, Lichtbildmappen der beschlagnahmten Gegenstände. Köster konnte ihr schon so viel sagen: Die Insassen des Lieferwagens seien identifiziert worden, es handele sich um die beiden französischen Staatsbürger Samy Renard und Paul Matin. Matin sei während des kurzen Schusswechsels in den Rücken getroffen worden und dann in den Main gesprungen, es werde jetzt geklärt, aus welcher Waffe geschossen worden war. Die anderen Verhafteten seien der Besitzer des Restaurants in Kelsterbach, Wang Jianyu, mutmaßlicher Kopf der Schmugglergruppe, und einer seiner Handlanger. Vogelsang dankte ihr, legte auf und schrieb dann die Haftbefehle für die drei Verhafteten vom Osthafen, Samy Renard, Wang Jianyu und dessen Komplizen. Danach telefonierte sie mit dem Umweltamt. Die Kollegen hatten am Morgen schon zügig gearbeitet und die beschlagnahmten Fische als »Europäischen Aal« klassifiziert, was entscheidend für ihre Anklage werden würde. Viele der Glasaale waren schon tot gewesen, die übrigen mussten nun zeitnah ausgesetzt werden, und Vogelsang sagte zu, die Glasaale umgehend freizugeben.

Es war nicht mal zehn, aber sie hatte das Gefühl, schon die Arbeit eines ganzen Tages erledigt zu haben. Sie rollte vom Tisch weg und streckte die Beine aus. Im selben Moment klopfte es.

»Ist offen«, sagte sie.

Die Tür schwang auf und Uwe stand vor ihr. Mit einem Lächeln kam er auf sie zu, der Geruch von Kaffee und Zigaretten breitete sich aus.

»Wir haben ein Match«, sagte er.

»Erst mal guten Morgen.« Sie rollte zurück an den Schreibtisch. »Du hast entschieden zu gute Laune für diese Uhrzeit. Was haben wir?«

»Sorry, wo bleiben meine Manieren, guten Morgen auch.« Er setzte sich aufs Sofa. »Ein Match haben wir. Kam gerade ganz frisch von der KTU. Die Speichelprobe von Sheng Wei Jen hat eine Übereinstimmung mit den Kippenstummeln ergeben, die wir am Angelplatz von Mathissen gefunden haben. Ich dachte, das könnte dich interessieren.«

»Ja, tut es.« Vogelsang war baff. Das hatte sie nicht erwartet.

»Ich fahre jetzt rüber in die JVA. Hab Brandt gesagt, dass ich dich mitbringe. Bin gespannt, ob Sheng immer noch den stummen Fisch spielt.«

»Dann los.«

Sie packte ihre Sachen, dann gingen sie.

Uwe fuhr einen alten Volvo-240-Kombi, rotbraun, mit vollgemülltem Kofferraum (Farbeimer, Bierkasten, Klamotten, ein platter Fußball) und überquellendem Aschenbecher. Die Karre war noch älter als Vogelsangs Corsa, hatte aber immerhin ein Kassettendeck, in dem ein Tape mit Songs von The Police, The Clash, Queen, Genesis (die frühen, mit Peter Gabriel) rotierte. Während der Fahrt erzählte Vogelsang ihm, was sie über die beiden Franzosen im Lieferwagen wusste, Uwe nickte.

Am Eingang der JVA wiesen sie sich aus, gingen durch mehrere gesicherte Türen, verfolgt von den Augen der Überwachungskameras, und trafen im Vernehmungsraum auf Sandra Brandt.

»Ich glaube, jetzt haben wir ihn«, sagte sie mit einem Lächeln.

»Sieht so aus.«

Im Beisein seines Verteidigers wurde Sheng Wei Jen in den Raum geführt. Brandt klärte ihn über den neuen Sachverhalt auf, dass er nun auch Verdächtiger im Fall des ertrunkenen Zollfahnders Lars Mathissen sei. Dann bat Brandt Vogelsang in den

Raum. Vogelsang setzte sich, betrachtete einige Augenblicke lang ihr Gegenüber, Dreitagebart, schmales Gesicht, müde Augen.

»Sie waren am Abend des neunten Juni am Schwanheimer Ufer und haben dort den Zollfahnder Lars Mathissen getroffen«, sagte sie. »Was wollten Sie von ihm, kannten Sie ihn?«

Sheng starrte auf die Tischplatte.

»Haben Sie ihn angegriffen?«

Schweigen.

»Ich glaube nicht, dass Sie zufällig dort waren. Mathissen hat gegen Sie ermittelt, er wusste von den Aalen im Restaurant. Und da wollten Sie ihn aus dem Weg haben.«

»Fragen Sie Wang«, sagte Sheng leise, sah kurz auf.

»Ihren Boss, Wang Jianyu? Haben Sie für ihn die Drecksarbeit gemacht? Haben Sie für ihn Mathissen und Luan Zhenyun aus dem Weg geschafft? Und mit Mian Lin hatten Sie das Gleiche vor.«

»Wang hat entschieden. Ich sollte mit dem Mann vom Zoll reden.«

»Eher einschüchtern oder bedrohen würde ich das nennen.«

»Wollte nur reden. Der hat uns angegriffen. Der ist gefallen und war weg.«

»Bei mir im Garten waren Sie doch auch, Sie haben mich verfolgt, haben mir ein Geschenk dagelassen, genauso wie Mathissen. Hatten Sie vor, auch mich in den Main zu werfen?«

»Sollte nur aufpassen«, sagte Sheng.

Der Verteidiger flüsterte Sheng Wei Jen etwas zu, dann wandte er sich an Vogelsang.

»Mein Mandant wird ab jetzt nichts mehr sagen und eine kurze Erklärung vorbereiten. Fakt ist, dass er unter enormem Druck durch Wang Jianyu stand, er selbst wurde bedroht. Wir sehen uns zur ersten Verhandlung wieder.«

Draußen auf dem Parkplatz standen Vogelsang, Uwe und Brandt zusammen, Uwe rauchte, Brandt zuckte mit den Schultern.

»Der will sich selbst als Opfer darstellen«, sagte sie. »Fakt ist, dass er am Tatort war. Ich wusste gar nicht, dass Sheng auch bei dir war.«

»Es lag zumindest ein Aalkopf vor meiner Tür, könnte auch jemand anders gewesen sein. Aber ich wollte noch mehr Druck aufbauen. Trotzdem bezweifle ich, dass wir die Sache endgültig aufklären.« Vogelsang lehnte sich an Uwes Volvo. »Die haben Mathissen bedroht, wahrscheinlich kam es zu einem Handgemenge. Aber ob er geschlagen oder geschubst wurde oder einfach nur stolperte und dann fiel, keine Ahnung.«

»Das wird trotzdem reichen«, sagte Brandt etwas trotzig.

»Wird es. Aber ob wir denen Absicht nachweisen können, Mord, da bin ich skeptisch. Selbst bei Luan Zhenyun.«

»Wir werden sehen«, sagte Brandt und ging zu ihrem Wagen.

Uwe schaltete die Musik wieder an und startete den Motor. Er trommelte zu den ersten Takten von *London Calling* auf das Lenkrad, während sich Vogelsang erneut fragte, was zur Hölle bloß mit den Leuten los war.

Am Mittag kam das Team zu einer kurzen Besprechung zusammen, auch Thomas Zöllner hatte sich angekündigt, ließ aber auf sich warten. Sie unterhielten sich über Privates. Abel erzählte vom bevorstehenden Sommerurlaub, zwei Wochen Südtirol, Wandern und Baden in Bergseen, er sei gespannt, wie es Hanna gefalle, die sei noch nie in den Bergen gewesen, zweimal schon an der Nordsee, aber Berge und Seilbahn, das kenne sie nicht, er hoffe ja auch auf Murmeltiere. Sonja sagte, dass sie als Kind wandern gehasst habe, aber jetzt liebe sie es, sie und ihr Freund überlegten gerade, ob sie eine Alpenüberquerung machen sollten. Vogelsang trug nicht viel zum Gespräch bei, ließ die beiden erzählen, genoss es, einfach nur zuzuhören, mit den Gedanken woanders zu sein.

Es klopfte und Zöllner kam hereingehetzt, entschuldigte sich, er sei im Treppenhaus aufgehalten worden, warum die Leute nicht einfach eine Mail schreiben konnten, sondern ihm stattdessen im Flur auflauerten, er verstehe es nicht. Er setzte sich, Vogelsang schenkte ein Glas Wasser ein und schob es zu ihm.

»Danke«, sagte Zöllner und nahm einen Schluck. »Glückwunsch zum Ermittlungserfolg!«

Vogelsang berichtete ausführlich von der gestrigen Aktion am Osthafen, von den Schüssen, dem toten Franzosen und den Verhaftungen und davon, dass es jetzt im Fall Mathissen einen Verdächtigen gebe, Sheng Wei Jen.

»Also kein Unfall«, sagte Zöllner. »Mord?«

»Auf Mord zu plädieren, wird kaum Aussicht auf Erfolg haben«, sagte Vogelsang, »allenfalls Totschlag, aber auch da bin ich mir nicht sicher. Jedenfalls war Sheng Wei Jen zur fraglichen Zeit am Tatort, aber was sich da genau abgespielt hat, weiß nur er und vermutlich noch Wang Jianyu, sein Boss.«

»Ist ja aber auch nicht unser Fall.« Sonja lehnte sich zurück.

»So ist es.« Vogelsang warf Zöllner einen Blick zu, der ließ sich aber nichts anmerken. »Da muss Brandt schauen, was sie draus macht. Für uns heißt das jetzt: Wir bereiten die Anklage wegen gewerbsmäßigem Handeltreiben mit Exemplaren einer besonders geschützten Art vor, gegen Wang Jianyu als Hauptverdächtigen. Das Umweltamt hat mir bestätigt, dass es sich um den Europäischen Aal handelt. Und ich werde Mian Lin vernehmen, sie ist noch im Krankenhaus. Mian ist wohl Opfer und Täterin zugleich, sie musste für Wang Jianyu die Aale schmuggeln und er hat sie eingesperrt.«

Als sei das sein Stichwort, schlug Abel die vor ihm liegende Mappe auf, strich mit der Hand das Papier glatt, hustete einmal.

»Also, ich hatte jetzt endlich Kontakt mit Interpol und das Gespräch bestätigt im Grunde unsere Vermutungen, bestätigt auch Mathissens Ermittlungen. Wir haben es hier mit professionellen Strukturen zu tun, einem gut aufgestellten Netzwerk von Lieferanten, Schmugglern, Abnehmern. So weit, so gut.« Er räusperte sich. »Aber es geht noch weit darüber hinaus. Laut Interpol drängen gerade vor allem Gruppen aus Malaysia und Indonesien aggressiv in den Markt, versuchen, Kontakte aufzubauen, bestehende Routen zu übernehmen oder neue zu etablieren. Bisher haben die ihre Geschäfte größtenteils mit Schuppentieren gemacht, aber seit einiger Zeit beobachtet man einen rasanten Anstieg der Glasaalfunde. Da scheinen sich gerade die Prioritäten zu verschieben, die Logistik wird massiv ausgebaut: Die schmuggeln nicht mehr nur in Koffern über den Luftweg, sondern auch weit aufwendiger über den Seeweg in Containern. Das nimmt ganz neue Dimensionen an, da geht es nicht mehr nur um ein paar Kilogramm, sondern um Tonnen.«

»Danke für deine Ausführungen«, sagte Zöllner, »aber lassen wir uns den Erfolg dadurch nicht madig machen. Sie haben gute Arbeit geleistet. Und mit etwas Glück klärt sich auch noch die Sache mit Mathissen vollständig auf.«

»Sehe ich auch so.« Vogelsang stand auf. »Danke für eure Zeit.«

Das Treffen war beendet, sie verließen den Raum. Zöllner folgte Vogelsang in ihr Büro, sie setzte sich aufs Sofa, er blieb an den Türrahmen gelehnt stehen.

»Du hattest von Anfang an den richtigen Riecher«, sagte er.

Sie zuckte nur mit den Schultern.

»Hätte auch alles anders sein können.«

»Wir sprechen jetzt nicht mehr im Konjunktiv.« Zöllner machte zwei Schritte auf sie zu. »Das war wirklich gute Arbeit, Greta.«

Vogelsang gähnte.

»Sorry, zu wenig geschlafen.«

»Willst du ein paar Tage freinehmen? Mach das. Aber bevor du verschwindest, noch zwei Sachen: Die Aale werden heute Nachmittag ausgesetzt, es wird Presse da sein. Ich dachte, du würdest vielleicht gern dabei sein.«

Vogelsang nickte nur.

»Und die andere Sache?«

»Ich habe für Freitag einen Tisch im Kanonesteppel reserviert. Würde mich freuen, wenn du auch dabei wärst.«

»Ich denke, das lässt sich einrichten.« Sie stand auf.

»Schön. Also, noch mal Glückwunsch. Wusste ich doch, dass du hier genau richtig bist.«

»Wusste ich von Anfang an.«

Zöllner lächelte, verabschiedete sich und ging. Vogelsang streckte sich, dann schloss sie die Tür und sah zum Fenster. Jede dunkle Nacht hat ein helles Ende. Sie erinnerte sich an den Spruch von Amon, letztens im Hafis. Ob das auch für Mathissen galt, für Paul Matin, Luan Zhenyun? Ein helles Ende? Ob das für jeden von ihnen galt, irgendwann einmal?

Der Fluss glitzerte verführerisch im Licht der Sommersonne, doch Vogelsang war nicht zum Vergnügen hier. Sie stand neben einem Mitarbeiter des Landesamtes für Umwelt und dem Pressesprecher des Zollfahndungsamtes und ließ sich von den Fotografen ablichten. Sie standen auf einem Bootssteg am Rhein, irgendwo hinter Mainz. Vogelsang hatte ihrem Navi die Route überlassen und während der Fahrt Musik gehört, leise mitgesungen. Der Mitarbeiter des Umweltamtes dankte allen Beteiligten für die schnelle und unkomplizierte Aktion, denn es komme ja hier wirklich auf jede Minute an, er dankte dem Zoll und der Staatsanwaltschaft für die gute Zusammenarbeit. Er sah zu Vogelsang.

Unter den Anwesenden waren auch Franziska Mathissen und Weihrauch aus dem Angelverein. Vogelsang war einigermaßen erstaunt gewesen, Franziska hier zu treffen; nachdem sie sich begrüßt hatten, erklärte ihr Franziska, dass Weihrauch sie über diesen Termin informiert und sie spontan entschieden habe vorbeizukommen.

»Es ist ja auch irgendwie noch Papas Arbeit, die hier zu einem guten Abschluss kommt. Ich glaube, er wäre sehr stolz gewesen, obwohl er das nie richtig zeigen konnte.«

Vogelsang nickte. Sie hatte ein etwas schlechtes Gewissen, dass sie sich nicht früher bei Franziska gemeldet hatte.

»Es deutet mittlerweile einiges darauf hin, dass der vermeintliche Unfall doch kein Unfall war«, versuchte Vogelsang den Stand der Ermittlungen zusammenzufassen. »Es gibt zumindest einen Verdächtigen.«

»Also wurde Papa doch umgebracht.«

»Das wissen wir nicht mit Sicherheit. Aber er war nicht allein an diesem Abend, wahrscheinlich wurde er bedroht.«

Franziska schwieg, sah auf den Fluss. Spielte das denn überhaupt noch eine Rolle? Aber vielleicht hatte Franziska genau darauf gehofft, auf jemanden, dem sie die Schuld geben, auf den sie ihre Wut richten konnte.

Weihrauch trat neben Vogelsang und gratulierte ihr zum Ermittlungserfolg. So was habe er in all den Jahren noch nie erlebt, er sei auf der einen Seite entsetzt über die Skrupellosigkeit, aber jetzt auch erleichtert, dass sie doch noch die Schuldigen erwischt hätten.

Ein Motorboot mit den Aalen, einem Fotografen und den beiden zuständigen Fischern fuhr dann ein Stück flussaufwärts, dort schöpfte man die kleinen Fische aus dem Bottich in einen Eimer und entließ sie in den Fluss.

Vogelsang beantwortete noch einige Fragen der anwesenden Pressevertreter. Sie sagte, dass der Fall noch nicht abgeschlossen sei und weitere Ermittlungen erfolgen würden, der Pressesprecher des Zolls wies auf die Einzigartigkeit des Falls und den gemeinsamen Erfolg hin.

Das Boot kehrte zurück, die Stimmung unter den Fischern war ausgelassen. Die Presse verschwand. Franziska hatte sich ihre Sonnenbrille aufgesetzt, die beiden Frauen standen am Steg noch eine Weile nebeneinander, sahen auf den Fluss, auf die kleinen Strudel und vorüberziehenden Frachter.

»Danke, dass du den Fall weiterverfolgt hast«, sagte Franziska.

»Ohne die Notizen deines Vaters würde ich immer noch auf der Stelle treten. Also bist du auch nicht ganz unschuldig.«

Beide lächelten. Weihrauch, der sich mit den Fischern unterhalten hatte, kam zu ihnen.

»Und diese Schmuggler … haben die denn auch Mathissen …« Er stockte, sah zu Franziska, dann wieder zu Vogelsang.

»Wir haben einen Verdächtigen. Mehr aber auch nicht.«

»Hm«, murmelte Weihrauch. »Also dann hoffe ich mal, dass sich da noch ein Täter findet. Das würde die Sache für uns alle leichter machen, denke ich.« Er sah abwechselnd Vogelsang und Franziska an, dann reichte er ihnen die Hand. »Alles Gute.«

Auch Vogelsang und Franziska gingen langsam zum Parkplatz zurück.

»Wenn es Neuigkeiten gibt, melde ich mich«, sagte Vogelsang.

Franziska nickte, öffnete die Tür ihres Wagens.

»Ich glaube, Papa war einer von den Guten.« Sie sah auf.

»Das war er, auf jeden Fall.«

Franziska stieg ein, schloss die Tür und rollte aus der Parklücke. Sie winkte noch einmal, dann fädelte sie in den Verkehr ein und war verschwunden.

Vogelsang sah wieder zum Fluss. Sie mochte diesen Ort, er hätte sicher auch Mathissen gefallen.

Sie wollte gerade in den Wagen steigen, als ihr Smartphone vibrierte. Sie zog es aus der Tasche. Nachricht von einer unbekannten Nummer, sie begann zu lesen: »Wollen wir uns auf ein Bier treffen, im Orange Beach? Ich hab da was für dich. Robert.«

Vogelsang sah auf. Sie hatte die Begegnung mit Robert Altmann im Orange Beach schon fast wieder vergessen, aus ihren Gedanken gedrängt. Sie bekam ein flaues Gefühl im Magen. Nein, auf Robert hatte sie überhaupt keine Lust. Schon früher hatte er es immer wieder geschafft, sie um den Finger zu wickeln und für seine Zwecke einzuspannen, und sie hatte sich damals geschworen, das nie wieder zuzulassen.

»Das passt nicht mehr mit uns«, schrieb sie. »Wenn du was Berufliches hast, wende dich an die Polizei. Ich bin die falsche Ansprechpartnerin. Alles Gute.«

Sie löschte Roberts SMS und blockierte die Nummer. Beruflich oder privat – die Sache mit Robert war zu Ende.

Vogelsang öffnete die Tür und setzte sich in den aufgeheizten Wagen. Sie nahm die Sonnenbrille aus der Ablage, kurbelte das Fenster auf. Sie war müde und wollte nur noch auf der Liege im Garten dösen, einen der schnurrenden Kater auf dem Schoß.

22

Im Hof des Kanonesteppels war es laut wie auf dem Rummel. Die Tische unter den mächtigen Platanen waren alle besetzt, dazwischen eilten die Kellner mit vollen Tabletts hin und her, nahmen Bestellungen entgegen, schwitzten, lächelten tapfer. Thomas Zöllner hatte einen Tisch direkt an der Hofmauer reserviert, im Schatten einer der Bäume. Auf dem Tisch standen bereits die Gerippten und drei Bembel. Als alle saßen, hob Zöllner sein Glas, er freue sich, dass alle gekommen seien, hier an diesen Ort, er habe erfahren, dass es dieses Lokal schon seit 1906 gebe, ein guter Ort, um den Ermittlungserfolg und die Zusammenarbeit der Abteilungen Umwelt und Kapitalverbrechen zu feiern.

»Also stoßen wir an auf Frau Vogelsang und Frau Brandt, Prost!«

Sie tranken.

Vogelsang saß zwischen Sonja und Lukic, ihr gegenüber Brandt und Abel. Sie hatte sich vorgenommen, auf Sonja etwas aufzupassen. Sie war erst seit einem Jahr in Frankfurt und kannte weder die Stadt noch die Kollegen der anderen Abteilungen besonders gut. Und obwohl Vogelsang wusste, dass Sonja eigentlich keine Glucke brauchte, wollte sie sie dennoch nicht einfach so den Kollegen und deren etwas speziellem Humor überlassen.

Zöllner hob sein Glas, und sie stießen erneut auf den Ermittlungserfolg der Abteilungen an. Er sah zu Vogelsang, Abel und Sonja.

In den letzten Tagen war es zum Glück etwas ruhiger zugegangen, trotzdem hatte der Fall Vogelsang mehr mitgenommen, als sie sich anfangs eingestehen wollte. Jetzt, da die Hauptverhandlung bevorstand, merkte sie, wie erschöpft sie war. Im Fall von Luan Zhenyun hatte die KTU im beschlagnahmten Wagen von Wang Jianyu DNA-Spuren sowohl von Luan als auch von Mian Lin gefunden, und Brandt musste jetzt aufgrund der vorliegenden Beweislage entscheiden, ob es einen hinreichenden Tatverdacht für Mord gab oder die Erfolgsaussichten dafür eher gering waren und es auf Totschlag hinauslaufen würde. Die genauen Umstände zu Mathissens Tod blieben nach wie vor ungeklärt, da hatte auch Vogelsangs Vernehmung von Mian Lin nichts ändern können. Mian wusste schlicht nichts, hatte Mathissen noch nie zuvor gesehen. Aber im Zusammenhang mit den Glasaalen hatte sie umfassend ausgesagt, hatte ihre Kontakte in Hongkong preisgegeben, von der Gruppe der Malaysier berichtet. Vogelsang würde ein Verfahren wegen Beihilfe zum gewerbsmäßigen Handel mit Glasaalen eröffnen. Da sie Mian aber keine ihrer Touren nachweisen konnte und in ihrem Fall auch nichts weiter unternehmen wollte, würde sie das Verfahren nach einiger Zeit einfach einstellen.

Mit Tina Köster hatte Vogelsang telefoniert. Köster berichtete davon, dass die französischen Kollegen in Nantes den Besitzer eines Lebensmittelhandels verhaftet hatten, der für Wang Jianyu die Glasaale beschafft und für die Logistik gesorgt habe. Samy Renard und Paul Matin hätten für diesen Händler gearbeitet und als Kuriere fungiert.

Man bestellte jetzt: Kalbsleber, Grüne Soße mit Ei, Handkäs mit Musik, Schnitzel, Tafelspitz.

»Wie geht's denn so voran mit den Eidechsen?«, fragte Wassermann-Schlotz, lehnte sich nach vorn, das Gerippte an den Lippen.

»Gut, sehr gut.« Sie würde sich nicht provozieren lassen, sie würde den Abend und das Essen genießen, sie würde den Vulkan auf keinen Fall ausbrechen lassen.

»Keinen Streit bitte«, ging Zöllner dazwischen. »Wir feiern heute den Ermittlungserfolg von uns allen, also jetzt gebt mal schön Frieden!«

»Ich hab längst Feierabend!«, rief Mölders.

»Ich nicht.« Lukic hob sein Smartphone hoch. »Ich nicht.«

»Du hast nie Feierabend.« Mölders war die meiste Zeit des Tages schlecht gelaunt, vom Stöffsche wurde er meist nur noch gereizter.

»Jetzt beruhigt euch mal«, rief Brandt, die in ein Gespräch mit Sonja vertieft gewesen war und Mölders neben sich anstieß. »Wir haben einen Ruf zu verlieren.«

»Du vielleicht. Bei dem ist Hopfen und Malz verloren«, tönte Lukic.

»Na, dann Prost!«

Mölders und Lukic stießen an.

Das Essen kam, die Teller vollgehäuft, weitere Bembel. Lasst es euch schmecken. Guten Appetit. Zwischen den Bissen kurze Kommentare zur Konsistenz des Fleisches, wo sind Salz und Pfeffer, will jemand noch Bratkartoffeln? Am Nebentisch brandete Beifall auf. Jemand feierte anscheinend irgendein Jubiläum.

Vogelsang, Sonja und Brandt vertraten sich nach dem Essen etwas die Beine, standen vorn am Tor zur Straße. Brandt und Sonja rauchten.

»Hatte ich von Zöllner gar nicht erwartet, so eine Einladung«, sagte Brandt.

»Vielleicht ist seine Scheidung durch«, sagte Vogelsang.

»Kanntest du seine Frau?«

»Nein.«

»Hat er Kinder?«

»Zwei, glaube ich.«

»Hm.« Brandt schnippte ihre Kippe auf die Straße. »Dann ist er vielleicht einfach nur nett zu uns.«

Radler eierten krakeelend vorbei, der Duft von Gebratenem hing in der Luft. Sie gingen wieder hinein, neue Bembel wurden gebracht. Auf der Toilette mahnte sich Vogelsang, nicht zu viel zu trinken, sie merkte schon jetzt, wie sie redseliger, angriffslustiger wurde. Mit Lukic und Mölders geriet sie in eine Diskussion über neue Verkehrskonzepte, um die Stadt von zugeparkten Straßen und verstopften Magistralen zu befreien, und während Mölders das Ende jeglichen Wirtschaftens sah und darauf abhob, wie sehr das Auto die Entwicklung des Menschen vorangetrieben habe, stimmte Lukic mit Vogelsang überein, dass da etwas getan werden müsse, war aber im krassen Gegensatz zu ihr für mehr Parkplätze, mehr Möglichkeiten, Autos in Tiefgaragen mit intelligenter Technik übereinanderzustapeln, woraufhin Vogelsang beiden den Vogel zeigte.

Zöllner erzählte von einer Segeltour in Kroatien, bei der er einmal aus Unachtsamkeit über Bord gegangen war und Todesängste ausgestanden hatte, denn man könne ja so ein Segelboot nicht einfach wie ein Auto bremsen, und während er da im Wasser getrieben war und das Schiff langsam eine Kurve beschrieb und sich immer weiter von ihm entfernte, da sei ihm alles andere plötzlich so albern vorgekommen.

Alle schwiegen einige Augenblicke.

Dann gab es zwei Teller Kaiserschmarren und jeder durfte mit seiner Gabel hineinfahren.

Abel verabschiedete sich kurz darauf. Er hatte wenig gesprochen, wirkte auf eine seltsame Art abwesend. Er bedankte sich für das Essen, sagte, dass er noch einen Termin habe, und ging, die Schultern leicht nach oben gezogen, als fürchte er, es würde jeden Moment zu regnen beginnen. Auch Wassermann-Schlotz machte sich auf den Heimweg, er habe morgen noch eine Verabredung, da könne er nicht verkatert ankommen.

Das schmale Stück Himmel über ihnen färbte sich rot, lila, dann dunkelblau. Auf den Tischen standen unzählige Gläser. Alle, die noch übrig waren, mussten ein Mispelchen trinken. Brandt willigte in eine zweite Runde ein. Dann brach auch Sonja auf, bedankte sich, es sei ein schöner Abend gewesen. Zöllner antwortete, das werde er jetzt öfter initiieren, das sei ja ganz großartig, wenn alle mal außerhalb der Anstalt zusammenkämen und sich so neu kennenlernten.

Lukic kam von der Toilette und setzte sich gar nicht mehr, wünschte noch einen schönen Abend. Zusammen mit Mölders verdrückte er sich.

»Was ist denn mit denen?« Brandts Stimme war lauter als sonst, sie schlug mit einer Hand auf den Tisch. »Es sind also die Frauen, die auch hier am Tisch das Sagen haben!«

»Sieht so aus.« Zöllner zündete sich eine Zigarette an, gab Brandt ebenfalls eine.

»Du hast doch auch mal früher«, versuchte Zöllner Vogelsang zu überreden.

»Wenn du willst, dass ich euch gleich hier auf den Tisch kotze!«

Die zweite Runde Mispelchen wurde aufgetragen mit dem Hinweis, dass man nun gleich schließen würde. Sie tranken. Die Tische leerten sich, der Kellner kam, um zu kassieren. Stühle wurden hochgestellt, Tische gewischt. Habt noch einen schönen Abend.

Brandt bestand auf einen Spaziergang runter zum Main. Sie brauche das jetzt noch, etwas Luft, sie wolle noch nicht nach Hause. Sie hakte sich bei Vogelsang ein, schwankte leicht. Langsam gingen sie los. Zöllner redete über die Alpen, während er Vogelsangs Rad schob. Vogelsang fragte sich, ob Brandt mit jemandem zusammen war, Brandt hatte jedenfalls nie etwas davon erzählt, sie erzählte überhaupt kaum etwas aus ihrem Privatleben. Wahrscheinlich, um keine Angriffsfläche zu bieten. Hätte ich ihr auch geraten, dachte Vogelsang.

Auf Höhe der Alten Brücke erreichten sie den Main. Vom Yachtklub her pumpten dumpfe Beats durch den Abend, der Mainuferweg war übersät mit Menschen, ein Partyboot war auf dem Wasser unterwegs. Es roch süßlich, nach Gras und Energydrinks. Sie gingen ein Stück mainabwärts Richtung Eiserner Steg, Zöllner einige Schritte vor ihnen mit dem Rad, dahinter Vogelsang und Brandt, die die ganze Zeit redete: dass sie stark sein müsse, dass sie noch etwas vorhabe, mindestens Oberstaatsanwältin, warum denn nicht auch Leitende? Sie blieb stehen, sah Vogelsang an.

»Warum machst du's nicht? Wenn Zöllner mal weg ist«, sagte Brandt.

»Dauert sicher noch.«

»Du musst es nur wollen!«

»Und du willst jetzt ins Bett.«

Sie gingen weiter. Plötzlich machte sich Brandt los, stolperte einige Schritte zur Seite und kotzte an eine Mauer. Vogelsang reichte ihr ein Taschentuch. Brandt sah sie mit weit aufgerissenen Augen an, als glaubte sie nicht, was ihr da gerade passiert war. Sie wischte sich den Mund ab.

»Wir rufen dir jetzt mal ein Taxi.«

Sie verließen den Uferweg und gingen hinauf zur Straße. Vogelsang lotste Brandt zu einer Bank, setzte sie hin. Zöllner kümmerte sich ums Taxi.

»Sorry«, jammerte Brandt. »Ist mir echt peinlich.«

»Kommt da noch was oder kannst du fahren?«

»Es geht schon.«

Zöllner rief nach ihnen. Vogelsang brachte Brandt zum Taxi, das auf der gegenüberliegenden Straßenseite wartete.

»Schlaf gut«, sagte sie, schloss die Tür und das Taxi brauste in die Nacht davon.

Zurück bei Zöllner machte dieser noch keine Anstalten, bald nach Hause zu wollen. Er hatte einen Tisch auf der main Terrasse ergattert und bestellte gerade.

»Was willst du? Gin Tonic?«

Vogelsang nickte und setzte sich. Eigentlich reichte es ihr, aber Zöllner hatte wohl noch etwas vor. Er sah sie an, erwartungsvoll, schielte dabei ein klein wenig, was ihn sehr sympathisch machte.

»Wir müssen reden«, sagte er.

Oh Gott, bloß kein Liebesgeständnis, nicht jetzt, nicht hier, dachte Vogelsang.

Sie bekamen die Gin Tonics und stießen an.

»Nein, im Ernst.« Zöllner beugte sich nach vorn, senkte etwas die Stimme. »Dienstliche Sache, es geht um Wassermann-Schlotz.«

»Sag jetzt nicht, dass du kündigst, um auf Weltreise zu gehen, und der dein Nachfolger wird.«

»Nein, ist etwas komplizierter.« Er fuhr sich mit der Zunge über die Lippen. »Man wird eine interne Ermittlung gegen Wassermann-Schlotz veranlassen.«

»Was? Wieso das denn?«

»Korruption. Alles Weitere erklär ich dir ausführlich im ersten Treffen. Wichtig ist: Er darf von den Ermittlungen nichts erfahren, wir müssen das im kleinsten Kreis halten. So wenige Augen wie möglich.«

»Dir ist aber klar, dass ich Wassermann-Schlotz schon eine ganze Zeit kenne, im Grunde schon seit dem Studium. Befangenheit und so.«

»Ihr habt aber nichts miteinander, oder?«

»Scheiße, nein, ich habe nur ab und zu dienstlich mit ihm zu tun. Ich glaube aber, er wollte mal was von mir, also damals während des Studiums. Da sind wir uns auf den Institutspartys immer mal über den Weg gelaufen, haben ein Bier getrunken, und er hat mich ziemlich plump angemacht. Aber ich hatte kein Interesse an ihm. Ich glaube, er ist deswegen heute noch sauer auf mich.«

»Und bist du sauer auf ihn?«

»Nein, warum sollte ich? Ich habe mich nie groß mit ihm beschäftigt, er ist mir, ehrlich gesagt, ziemlich egal.«

»Danke für deine Offenheit.« Zöllner lehnte sich zurück, kaute auf ein paar Eiswürfeln herum. »Aber ich will dich bei den Ermittlungen dabeihaben, ich kann mir niemand Besseres vorstellen. Und irgendwie kennen wir uns doch alle hier schon seit Jahren, vom Studium, vom Referendariat. Daraus kann uns keiner einen Strick drehen. Ich zähle also auf dich.«

»Na, dann Prost«, sagte Greta.

Sie tranken.

»Aber sonst haben wir ja keine Probleme.« Vogelsang lehnte sich zurück und grinste.

»Sonst alles paletti.«

Ja, sonst war alles paletti. Vogelsang streckte die Beine aus und fühlte ein angenehmes Kribbeln im Bauch; sie schwiegen angetrunken. Um sie dröhnte die Nacht. Fahrradketten surrten, Gelächter überschlug sich, und auf der anderen Flussseite leuchteten die verglasten Hochhausfronten wie riesige Raumschiffe.